周福霖院士团队防震减灾科普系列

中国地震局公共服务司（法规司）
中国土木工程学会防震减灾工程分会 指导

以柔克刚

——建造地震中的安全岛

杨振宇　马玉宏　著

中国建筑工业出版社

图书在版编目（CIP）数据

以柔克刚：建造地震中的安全岛 / 杨振宇，马玉宏著．—北京：中国建筑工业出版社，2022.11（2024.9重印）
（周福霖院士团队防震减灾科普系列）
ISBN 978-7-112-28223-4

Ⅰ．①以…　Ⅱ．①杨…　②马…　Ⅲ．①隔震－普及读物　Ⅳ．①TU352.1-49

中国版本图书馆 CIP 数据核字（2022）第 238104 号

全书共分为3章。第1章是隔震的原理，介绍了在地震作用下为什么隔震技术可以保护建筑和桥梁结构。第2章是隔震的历史和技术手段，介绍了工程师们如何实现隔震技术，隔震层包含哪些组成部分，各部分有哪些功能。第3章是隔震的案例，分为建筑、基础设施两部分，介绍了现有较为知名和典型的采用了隔震技术的建筑、桥梁、机场、医院、学校、变电站、港口等设施，每个案例均有自身特点。

责任编辑：刘瑞霞　梁瀛元
责任校对：张惠雯

周福霖院士团队防震减灾科普系列
以柔克刚——建造地震中的安全岛
杨振宇　马玉宏　著
*
中国建筑工业出版社出版、发行（北京海淀三里河路9号）
各地新华书店、建筑书店经销
华之逸品书装设计制版
建工社（河北）印刷有限公司印刷
*
开本：787毫米×960毫米　1/16　印张：5½　字数：101千字
2023年3月第一版　2024年9月第二次印刷
定价：**49.00**元
ISBN 978-7-112-28223-4
（40179）

周福霖院士团队防震减灾科普系列丛书

编 委 会

丛书序言

人类社会的历史，就是不断探索、适应和改造自然的历史。地震是一种给人类社会带来严重威胁的自然现象，自有记录以来，惨烈的地震灾害在历史上不胜枚举。与此同时，20世纪以来，随着地震工程学的诞生和发展，人类借以抵御地震的知识和手段实现了长足进步。特别是始于20世纪70年代的现代减隔震技术的工程应用，不仅在地震工程的发展史上具有里程碑意义，而且为改善各类工程结构在风荷载及环境振动等作用下的性能水平，进而提升全社会的防灾减灾能力提供了一种有效手段。

实际上，减隔震思想在历史上的产生比这要早得多，它来源于人们对地震灾害的观察、分析和总结。例如，人们观察到地震中一部分上部结构因为与基础产生了滑移而免于倒塌，从而意识到通过设置“隔震层”来减轻地震作用的可能性。又如，从传统木构建筑通过节点的变形和摩擦实现在地震中“摇而不倒”的事实中受到启发，人们意识到可以通过“耗能”的手段来保护建筑物。在这些基本思想的指引下，经过数十年的研究和实践，与减隔震技术相关的基本理论、实现装置、试验技术、分析手段和设计方法等均已日臻成熟。在我国，自20世纪80年代以来，结构隔震、结构消能减震、结构振动控制以及与之相匹配的各种新型试验技术作为地震工程和土木工程领域的发展前沿受到了广泛关注，取得了丰硕的研究成果，诞生了汕头凌海路住宅楼、广州中房大厦等开创性工程实践，以及北京大兴机场、广州塔、上海中心大厦等著名的代表性案例。

我国正在经历世界上规模最大的城镇化进程，而我国国土面积和人口有一半以上位于地震高风险区。过去几十年，减隔震相关技术在我国取得的跨越式发展令人鼓舞，展望未来，这些技术还将拥有更加广阔的发展前景。然而，今天的我们必须认识到，作为防震减灾最有效、最重要的手段之一，减隔震正在日益走进人们的生活，但在专业领域之外，社会公众对减隔震相关技术的认识水平和关注度尚不尽如人意。大多数公众对减隔震的概念即便不是“闻所未闻”，也仅仅停留在字面意义上的简单认知；不少土木工程专业的本科生和研究生在学习相关专业课程之前，对减隔震相关的基本概念和原理也缺乏了解。无怪乎当网友们看到上海中心大厦顶端的调谐质量阻尼器在台风中来回摆动发挥减震作用时，纷纷大呼“不明觉厉”甚至于感到心惊肉跳。与在学术和工程界受到关注的热烈程度相比，减隔震技术对于社会公众而言未免显得过于遥远和陌生了。

防震减灾水平的提升有赖于全社会的共同参与，减隔震技术持续发展的动力来源于公众和市场的接纳，而实现这些愿景的一个重要前提在于越来越多的人了解减隔震，相信减隔震。秉承这一目标，我与广州大学工程抗震研究中心团队编写了本丛书，从隔震技术、消能减震技术、振动控制技术和抗震试验技术四个角度，带领读者了解防震减灾领域的一系列基本概念和原理。

在本丛书的第一册《以柔克刚——建造地震中的安全岛》中，读者们将了解到隔震技术何以能够成为一种以柔克刚的防震减灾新思路，了解现代隔震技术发展成熟的简要过程以及代表性的隔震装置，了解各种采用隔震技术的典型工程实例。

丛书的第二册《勇于牺牲的抗震先锋——结构消能减震》将从基本概念、典型装置和代表性工程案例等角度带领读者对消能减震技术一探究竟。

丛书的第三册《神奇的能量转移与耗散——结构振动控制》聚焦一种特殊的减震装置——调谐质量阻尼器，它被应用在我国很多标志性的超高层建筑上，读者可以通过本书初步地认识这一巧妙的减震技术。

丛书的第四册《试试房子怕不怕地震——结构抗震试验技术》则关注了防震减灾技术研发中一个相当重要的方面——抗震试验技术。无论对于隔震、消能减震还是振动控制技术，它们的有效性和可靠性毫无疑问都需要接受试验的检验。本书试图通过简明通俗、图文并茂的讲解，使读者能够一窥其中的奥妙。

防震减灾是关系到国家公共安全、人民生命财产安全和经济社会可持续发展的基础性、公益性事业。减隔震相关技术经过几代人的不懈努力，正在向更安全、更全面、更高效、更低碳的方向蓬勃发展。在减隔震技术日益走进千家万户的同时，全社会对高质量科学传播的需求正在变得愈加迫切。衷心希望这套科普丛书能够为我国的防震减灾科普宣传做出一些贡献，希望我国的防震减灾科普事业欣欣向荣、可持续发展，真正能够与科技创新一道成为防震减灾事业创新发展的基石。

周福霖

2022年10月10日

前言

地震是严重威胁人类生命安全和财产安全的地质灾害，历史上的历次大地震夺去了无数人的生命，造成了大量的经济财产损失。一方面，地震在地理上具有明确的分布规律，在板块的连接处地震频发。另一方面，地震又具有极大的不确定性，无法准确知道何时何地会发生大地震，这就要求我们在城市和基础设施建设中不能掉以轻心。

经历过2008年汶川地震的惨痛损失后，我国开始广泛采用隔震和消能减震技术。根据相关报告，截至2019年第三季度，国内已累计建成近7000栋减隔震建筑。2021年9月1日起，《建设工程抗震管理条例》在国内生效，其中第十六条规定“位于高烈度设防地区、地震重点监视防御区的新建学校、幼儿园、医院、养老机构、应急指挥中心、应急避难场所、广播电视等公共建筑应当按照国家有关规定采用隔震减震等技术，保证发生本区域设防地震时满足正常使用要求”，将进一步推动隔震技术在国内的发展。

鉴于此，广州大学工程抗震研究中心策划推出了这本《以柔克刚——建造地震中的安全岛》科普书。本书各章节间的联系如下：第1章是原理性介绍，主要介绍地震对房屋的危害和隔震的基本原理；第2章介绍了隔震技术的发展历史和目前常用的隔震支座，包括橡胶支座和摩擦摆支座等；第3章介绍了一些知名和有特点的隔震建筑、桥梁和基础设施。本书的第1章和第2章由杨振宇撰写，第3章由马玉宏撰写。

本书致力于通过简单通俗的讲解，向公众介绍隔震技术的原理和应用，让人们了解隔震，降低对地震的恐慌；讲透隔震技术原理，并辅以大量隔震技术应用案例，便于专业人员理解和了解隔震，推动隔震技术的再创新和推广；让学生理解隔震，激发其学习热情，为培养我国未来的科学家埋下种子。

由于编者水平有限，书中难免有错误之处，欢迎广大读者批评指正。

目录

第1章

以柔克刚，抵御地震灾害的新思路 …… 001

1.1 我们的房子为什么怕地震 …… 002

1.1.1 房屋质量大，与地面牢固连接 …… 003

1.1.2 房屋与地震的类共振效应 …… 003

1.2 抗震设计的新理念：以柔克刚的隔震技术 …… 005

1.2.1 理想的隔震：把地面运动与建筑隔离开 …… 005

1.2.2 工程隔震原理之一：降低建筑的固有频率 …… 006

1.2.3 工程隔震原理之二：消耗地震输入能量 …… 009

1.3 隔震技术对于防震减灾的重要性 …… 012

1.3.1 人类面临的地震威胁 …… 012

1.3.2 为什么需要隔震技术 …… 013

第2章

拨云见日，现代隔震技术的成熟 …… 017

2.1 隔震技术极简史 …… 018

2.1.1 雏形初现：在房屋与基础之间使用柔性连接 …… 018

2.1.2 突飞猛进：始于橡胶垫的现代隔震技术 …… 020

2.1.3 日臻成熟：理论与实践齐头并进 …… 023

2.1.4 落地生根：中国隔震技术发展及现状 …… 024

2.2 叠层橡胶隔震支座 …… 025

2.2.1 从橡胶垫到隔震支座：叠层橡胶支座的组成 …… 025

2.2.2 从隔震理念到实际产品：橡胶支座的力学特性 …… 028

2.2.3 从实验室到工程应用：橡胶支座的环境耐受力 ………… 032
2.3 摩擦摆隔震支座 ………… 033
2.3.1 后起之秀：现代摩擦摆支座 ………… 033
2.3.2 简单与复杂并存：摩擦摆的组成与隔震原理 ………… 034
2.4 一栋典型的隔震房屋长什么样 ………… 039
2.4.1 低矮建筑更适合采用基底隔震 ………… 039
2.4.2 在受力大的地方设置隔震层 ………… 040
2.4.3 不要让错误的管线连接毁掉隔震 ………… 042
2.4.4 隔震支座与阻尼器配合使用 ………… 042
2.4.5 在桥梁中使用隔震支座 ………… 043

第3章
百炼成金，隔震技术有哪些应用 ………… 045

3.1 隔震技术保护民用房屋安全 ………… 046
3.1.1 隔震民用建筑：让人民住上安全的房子 ………… 046
3.1.2 隔震医院：让医院成为震后救灾的中流砥柱 ………… 054
3.1.3 隔震学校：在地震中保护好下一代 ………… 058
3.1.4 隔震历史文物：保护文化瑰宝 ………… 060
3.2 隔震技术保护重大基础设施安全 ………… 061
3.2.1 机场隔震：超大跨度结构安全的护航员 ………… 061
3.2.2 桥梁隔震：地震中生命线安全的守护者 ………… 065
3.2.3 核电站隔震：地震时做到万无一失的守护神 ………… 069
3.2.4 电力设施隔震：电力命脉的保护者 ………… 071
3.2.5 海洋港口设施隔震：隔震技术的新用途 ………… 073
3.2.6 精密工业设施隔震（振）：昂贵仪器设备正常运行的保护者 ………… 075

I

第1章

以柔克刚，抵御地震灾害的新思路

1.1
我们的房子为什么怕地震

地震是破坏力十分巨大的自然灾害，往往造成巨大的人员伤亡和财产损失（图1-1）。在地震里，房屋和桥梁的倒塌是造成人员伤亡的重要因素。根据统计，世界上130次巨大的地震灾害中，90%～95%的人员伤亡都是由建筑物倒塌造成的（图1-2）。在地震中建筑物还可能发生部分构件脱落，如外墙装饰和墙体倒塌等，脱落的构件砸中避震人员也会导致人员的伤亡。

图1-1　汶川地震中发生倒塌的漩口中学

1900—1949年间79万地震遇难者死因

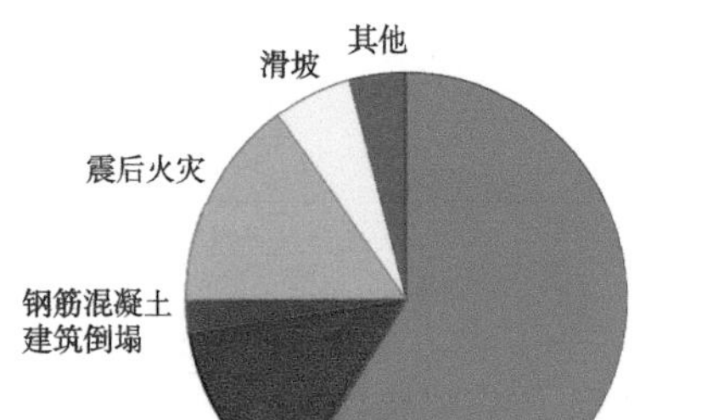

1950—1999年间70万地震遇难者死因

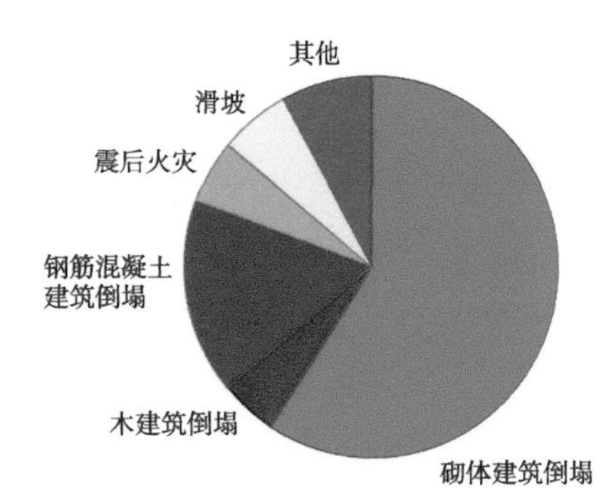

图1-2　20世纪全球地震死亡原因

在我们的感受中，房屋用钢筋混凝土建成，十分坚固，为什么许多房屋在地震面前如此不堪一击？房屋在地震中容易破坏有两个方面的原因，一方面是房屋自身重量比较大，而且房屋与地面紧密连接，另一方面是房屋与地震存在类似共振的放大效果。

1.1.1 房屋质量大，与地面牢固连接

地震发生时，地表会发生运动。房屋与地面牢固连接，就会导致房屋上出现额外的惯性力。这个现象与汽车突然启动时十分相似，如图1-3中展示的，当汽车突然向右启动时，汽车内站立的乘客由于有惯性，容易向左倾倒。以汽车自身为参考系，在汽车突然启动时，乘客身体受到了一个向左的惯性力，脚底受到向右的摩擦力。而且乘客自身质量越大，则这个惯性力也越大。所以，当身上背了书包等重物，汽车突然启动时，乘客更容易摔倒。

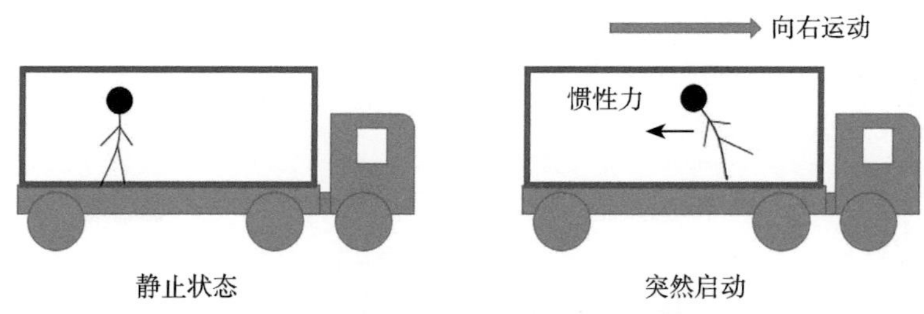

图1-3 地面突然运动时物体所受惯性力

房屋在地震中的受力情况与汽车内的乘客非常相似。地震时，地面产生水平或竖向运动。以房屋自身为参考系，房屋受到惯性力作用，与房屋质量和自身加速度成正比。所以，房屋虽然用坚固的钢筋混凝土建成，强度很高，但是钢筋混凝土结构重量也大，密度达到2500kg/m^3。举个例子，一栋30层2单元的住宅的重量大约有10万t，如果自身的加速度达到0.2g（g为重力加速度），那么水平方向的力就达到2000kN（约为2万t物体的重量，也就是竖向重力的0.2倍），足以摧毁钢筋混凝土。所以，砌体结构和多高层钢筋混凝土房屋对地震较为敏感。相反地，采用木材或竹子建造的低矮住宅由于质量较轻，在地震中表现较好。

1.1.2 房屋与地震的类共振效应

另一个导致房屋在地震下容易破坏的原因是类共振效应。物体在做自由振动时都有一个特定的频率，称为固有频率。共振是自然界中十分常见的现象，表现为物体在特定频率下，比其他频率以更大的振幅做振动的情形。例如，我

们的声音靠空气传播，耳朵的耳蜗与声音共振，产生振动传导至鼓膜。而耳蜗仅对一定频率范围内的声波敏感，所以人耳听到声音的范围为20～20000Hz之间，高于这个区间的称为超声波，低于这个区间的为次声波，人耳都难以听到。

与耳朵感受声波类似，每一栋房屋有自己的固有频率，如果地面震动的频率与房屋的固有频率接近，房屋的振动和受到的惯性力就比较大。反之，如果地面震动的频率远离房屋的固有频率，房屋受到的惯性力就比较小，不容易发生破坏和倒塌。但地震时地面的运动并不是单一频率的振动，而是多种频率的振动混合而成。图1-4中显示了人类测得的第一条地震波El Centro波的加速度曲线和对应的频谱成分（功率谱图）。可以看到，El Centro波频谱成分图在1～5Hz范围内有较大的幅值，如果房屋的固有频率在这个范围内，就容易与地面运动形成共振，产生强烈的振动，作用在房屋上的惯性力也比较大。

房屋建造的地点各不相同，房屋所在场地的土层、岩层等都会影响地震波的频谱特性。但是，根据统计资料，普通房屋的固有频率范围大约在1～10Hz，但这个范围正好也是地震常见的频率范围（图1-5）。所以，普通房屋很容易与地震产生类共振效应。

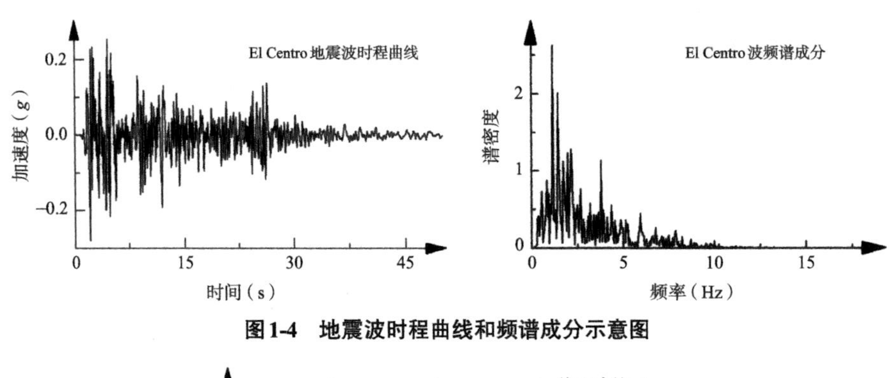

图1-4　地震波时程曲线和频谱成分示意图

图1-5　地震与房屋的固有频率范围

与普通房屋相比，高层房屋的固有频率较低，所以一般情况下受地震影响小一些。在1972年尼加拉瓜地震中，城市内大量低矮建筑发生倒塌，但是高层建筑保持安然无恙（图1-6）。相反地，如果地震波罕见地出现低频成分丰富的情况，受损的则是高层建筑。如1985年墨西哥城地震中，由于墨西哥城建立在填土湖泊上，地质松软，高层建筑与低频地震波产生共振，破坏严重（图1-7）。所以，在通常情况下，普通房屋的固有频率与地震波频率接近是导致房屋破坏的重要原因。

图1-6 1972年尼加拉瓜地震后航拍照片，大量低矮房屋倒塌，但左侧的高层建筑安然无恙

（来源：美国国家海洋和大气管理局）

图1-7 1985年墨西哥城地震中Nuevo León大厦倒塌

1.2 抗震设计的新理念：以柔克刚的隔震技术

1.2.1 理想的隔震：把地面运动与建筑隔离开

地震对房屋具有极强的破坏力，长期以来工程师们想了许多方法加强房屋抵御地震的能力，其中最简单的就是增大房屋柱子的截面。例如在核电站里，反应堆安全壳采用厚重的预应力混凝土结构，宛如碉堡，在地震中甚至不允许出现裂缝。但是，增大柱子截面的同时也增大了房屋的重量和成本，而且在建造成碉堡的房子中居住也不舒服。为此，工程师们提出了一系列抗震设计方法和措施，减小房屋在地震中发生破坏和倒塌的概率，这些成果已经在世界范围内的众多建筑中使用，被称为建筑结构抗震技术。

建筑结构抗震技术采用硬抗的方法，通过合理设计建筑结构各部分的刚度、强度和延性，在出现概率较大的小地震时使建筑不出现损坏，在强烈的大地震中使建筑不发生倒塌。但是，随着社会经济的发展，人们对房屋也有了抗震新需求。一方面，建筑结构越来越复杂，且对大跨空间和外观有了新的要求，这使得一些抗震措施成本比较高，在某些建筑上不太适用。另一方面，部分建筑内有精密设施和贵重仪器等，地震中不仅要使得房屋不倒塌，还要保障建筑内设施的安全，如医院、指挥中心等。因此，土木工程师们开发了隔震技术，通过“以柔克刚”的方式帮助房屋抵御地震，开辟了抗震技术以外的另一条道路。

同样以汽车突然启动为例，图1-3中的乘客可以选择将脚撑开，这样身体抵抗水平力的效果比较好，可以在汽车突然启动时防止身体倾覆，这种行为类似抗震技术。相反地，如果乘客站在滑板而不是汽车地面上，当汽车突然向右启动时，乘客还是受到向左的惯性力，但是由于滑板无法传递水平力，乘客将相对于汽车向左运动，但不会滑倒。这样就利用了“柔”的滑板，隔离地面运动，来抵抗地震的作用。实际中的地震是一种频繁的往复运动，类似图1-8中的汽车频繁突然向右运动，又突然向左运动，那么滑板在汽车内来回运动，但站在滑板上的乘客却不容易摔倒。

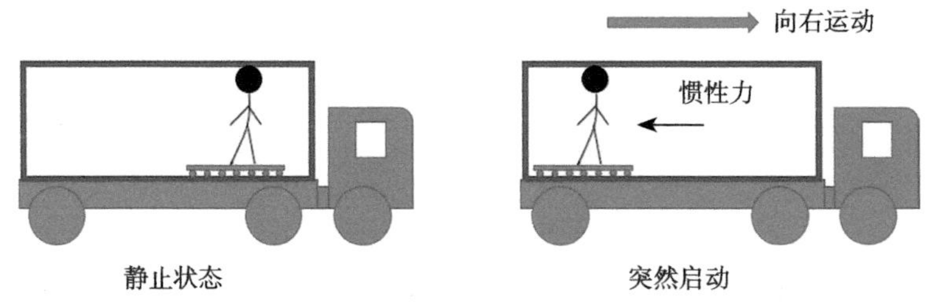

图1-8　隔震简图：通过底部滑轮防止地面运动带动上部运动

具有滑动能力的滑板能够隔绝乘客和汽车之间力的传递，那么将房子也建立在类似滑板的物体上，就是隔震的雏形。实际上，早期的隔震房屋将原木放在房屋底部，起到和滑板一样的作用。同样，故宫博物院底部采用的糯米层也起到了这样的作用。

在地震中，普通房屋，也就是抗震建筑，在受到水平的惯性力后，建筑本身有较大变形。这就类似汽车突然启动时，车上站立的乘客也会有一些倾斜，甚至摔倒。但是，在隔震建筑中，隔震层就起到了类似滑板的作用。建筑本身受到惯性力作用后，隔震层滑动，建筑与地面产生较大的相对运动，但建筑本身变形很小，就不容易发生破坏（图1-9）。

1.2.2 工程隔震原理之一：降低建筑的固有频率

完全理想状态下，隔震层可以隔绝所有水平力传递，实现上部结构基本不

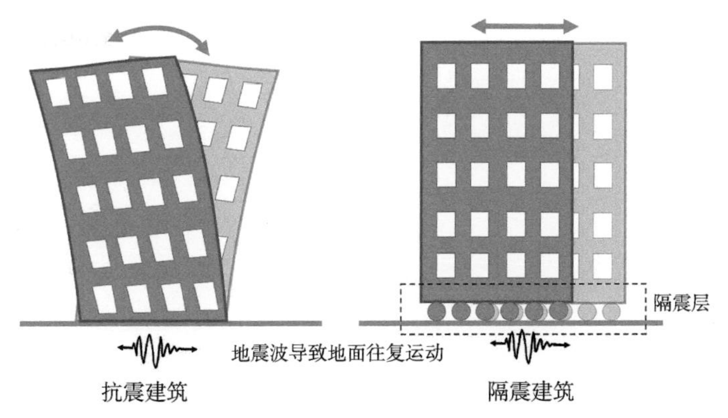

图1-9　抗震建筑与隔震建筑在地震中的变形

受地震的作用，只做水平向的刚体运动。但在实际中，隔震层不可避免地会有一定的弹性，也可以传递水平力。在这种情况下，隔震层又是如何减小作用在上部建筑上的力呢？

上一节说到，地震下建筑容易破坏的原因是重量大和类共振效应。出于经济上的考虑，我们国内仍广泛采用钢筋混凝土建造中高层房屋，不能像美国加州那样大量采用重量小的轻木低矮房屋，所以我们很难大幅降低建筑的重量。但是，通过在隔震层安装隔震支座，就可以减小房屋与地震波的类共振效应，以减小上部建筑受到的力。

通过隔震减小类共振效应的关键在于，地震波对于固有频率在1～10Hz的房屋影响较大，而对固有频率较低（如低于1Hz）的房屋影响较小。这个规律是通过对大量地震波的统计发现的，图1-10中黑色实线表示了不同频率的房屋受到El Centro地震波作用时的最大加速度，被称为地震反应谱。地震反应谱在1932年由Maurice Anthony Biot提出，是现代反应谱抗震设计理论的基础。图1-10中每一个点代表了对应频率的房屋在这条地震波作用下产生的最大加速度反应。简化计算中，这个数值乘以房屋的质量可以认为是房屋受到的地震作用。例如，一栋普通建筑的固有频率为5Hz，对应图中蓝色原点处加速度为0.6g，那么这栋建筑物在这条地震波作用下受到的最大水平力为0.6倍重力。图中红色高层建筑的固有频率较小，仅为1Hz，从图中可以得到它的最大水平力为0.4倍重力。同样地，绿色的低矮轻木结构房屋固有频率很高，达到20Hz，那么它的最大水平力仅为约0.2倍重力。从地震波的反应谱图可以看出，普通建筑由于固有频率与地震接近，导致其水平力较大，产生的破坏就较严重。

以上都是各类建筑遭受到El Centro地震波时的反应，但建设在不同地点的建筑，由于其所在场地的岩石特性、土层厚度和距离地震发生地的距离等因

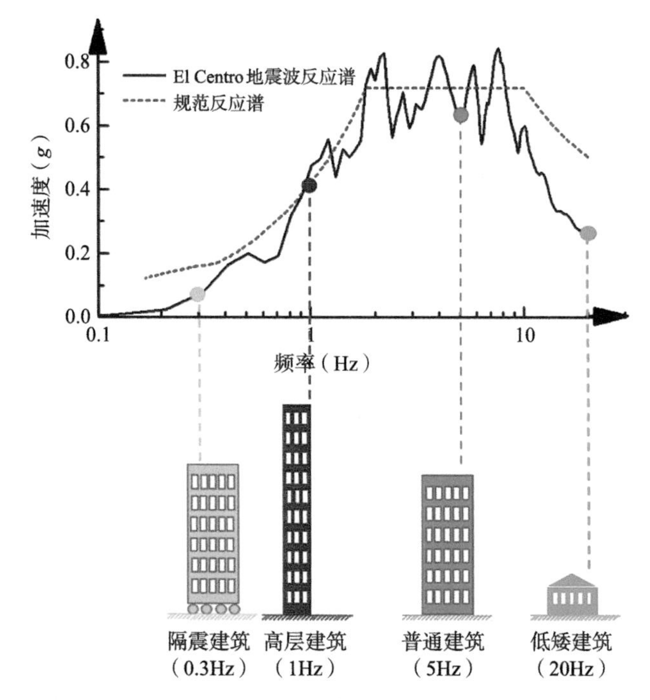

图1-10　不同类型建筑在地震波作用下的反应

素千差万别，无法准确预测每一栋建筑遭受到的地震的反应谱。所以，国家颁布的抗震规范文件中，提供了不同场地条件下的反应谱，就是图1-11中的红色虚线，被称为规范反应谱。在设计建筑物的时候，我们就根据规范给的反应谱，预期不同固有频率的建筑所遭受的地震作用有多大。

从图1-10中可以知道，让建筑物的固有频率远离地震波影响较大的频率范围，就可以减小作用在建筑上的水平力，无需对建筑本身结构进行加强就能防止建筑在地震期间受到损坏。当我们在普通建筑的底部设置类似滚珠的隔震

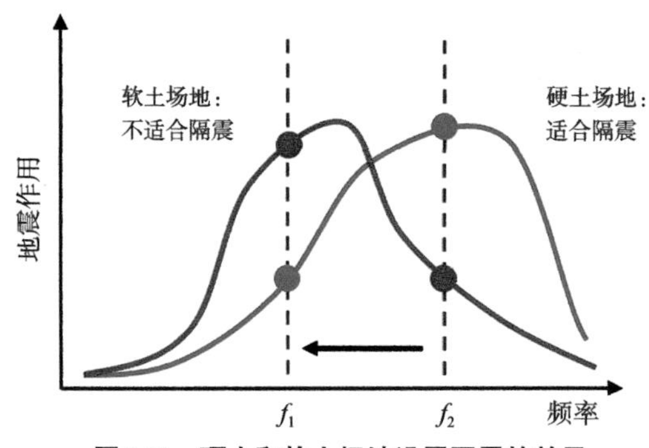

图1-11　硬土和软土场地设置隔震的效果

层时，滚珠水平刚度很小，可以让建筑在水平向滑动，这样就大幅降低了建筑的固有频率。图1-10中黄色隔震建筑的固有频率仅0.3Hz，按照El Centro地震波的反应谱，水平力不到0.1倍重力，隔震建筑受到的水平力比非隔震建筑小很多。所以，隔震技术通过降低建筑的固有频率，防止建筑物与地震波产生类共振效应，降低地震期间建筑物受到的水平力。

但是，需要注意的是有些地震中也会出现低频成分较多的地震波。例如在1985年墨西哥城地震和1999年我国台湾的集集地震中，都出现了许多低频成分丰富的地震波，反而容易造成高层建筑的损坏。在某些软土场地上，地震波的低频成分可能超过高频成分，这种情况下隔震不一定是有效的，容易导致隔震建筑产生较大的位移，甚至可能增大地震作用。例如图1-11中，对于硬土场地上的地震波（蓝线），通常高频部分占主导，此时采用隔震技术可以降低加速度响应，隔震技术是有利的。但是，对于软土场地的地震波（红线），由于其低频成分占主导，采用隔震技术将建筑物固有周期从f_2降低至f_1反而会增大地震作用。因此，是否采用隔震技术还需要根据场地条件来判断。

1.2.3 工程隔震原理之二：消耗地震输入能量

在理想的隔震层中，隔震层完全没有刚度，这样地震中水平地面运动对上部建筑完全没有影响。但是，实际中的隔震层不可避免地具有一定的刚度，并且从实际需要来看，隔震层需要有一定的水平刚度用于抵御风雨、撞击和其他的偶然水平力。这就导致在地震中，地面的水平运动依然可以对上部建筑造成影响。

建筑物受到地震冲击作用可以看作是一个质量块-弹簧系统受到力锤敲击的情况。质量块-弹簧系统就是建筑物，弹簧的力代表了建筑物受到的水平力，力锤的突然冲击代表了地震下的突加惯性力。抗震建筑的弹簧是一个短粗弹簧，刚度较大，整个体系的固有频率较高，在受到敲击时会产生小幅的高频振动。因为弹簧刚度比较大，这个时候弹簧力是很大的。类似于我们拳头打在墙壁上，手受到的力很大，但是打在棉花上，力就很小。与之对应的是隔震建筑中的弹簧是一个细长的柔性弹簧，刚度很小，整个体系的固有频率也很低。在受到锤击时，质量块产生大幅度的低频运动。因为弹簧刚度很低，这个时候弹簧力比较小，这也代表了隔震建筑受到的作用力比较小，柔性的隔震层可以起到减小上部建筑地震作用的效果。

但是，在敲击完成后，质量块-弹簧系统仍旧会继续大幅低频振动，经历很长时间才会停止。而且柔性弹簧-质量块的变形远远大于刚性弹簧-质量块，这也表明隔震建筑在地震下的位移会比较大。这两个效果可能会让隔震建筑在地震中像船在水中自由飘荡，引起相邻建筑碰撞、隔震层变形过大等问题。所以，需要在隔震层中设置阻尼装置，消耗地震输入的能量，帮助隔震建筑减小变形，且在震后及时停止振动。

阻尼广泛地存在于各类振动系统中，建筑物中也存在阻尼。我们知道，弹簧变形后再松开，弹簧能很快恢复到原来的形状，基本没有能量损耗，所以图1-12中的质量块-弹簧系统在受到锤击后会进行长时间往复运动。当质量块-弹簧系统中包含阻尼时，阻尼可以将外部做功耗散掉，使得振动幅度越来越小，直至静止。阻尼在生活中十分常见，例如荡秋千时幅度越来越小，这是因为绳子的摩擦和空气阻力都在起到阻尼的作用；门后常常会放置阻尼器，防止开关门时产生过大的冲击作用。

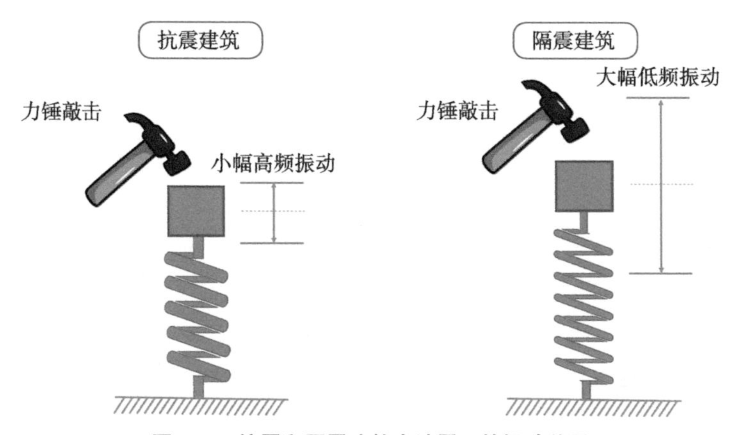

图1-12 抗震和隔震建筑在地震下的振动差异

阻尼起到了消耗振动能量、不断减小物体振动的作用。阻尼比是衡量物体阻尼大小的值，阻尼比越大，能量耗散就越多越快。对于常见的建筑、桥梁等结构，阻尼比为1%～5%。当物体没有阻尼时，即阻尼比为0时，物体的振动不会停止，会以当前的振幅一直振动下去。如图1-13中的物体受到敲击后，由于其没有阻尼，质量块的动能和弹簧的弹性能无损耗地转化，质量块会一直振动下去。但是，当阻尼比增大后，物体的振动会快速衰减。如果在质量块上加上阻尼，那么阻尼可以消耗输入的振动能量，让振动慢慢变小，直至静止。

前面提到，隔震层可能会产生较大位移，导致建筑功能不满足要求。而阻尼可以耗散输入能量，减小物体的振幅。如果使隔震建筑具有较高的阻尼比，那么将大大提高隔震技术的适用性。图1-14中的物体底部按照正弦波做水平向的往复运动，物体底部按照正弦波运动且正弦波运动频率与物体的固有频率一

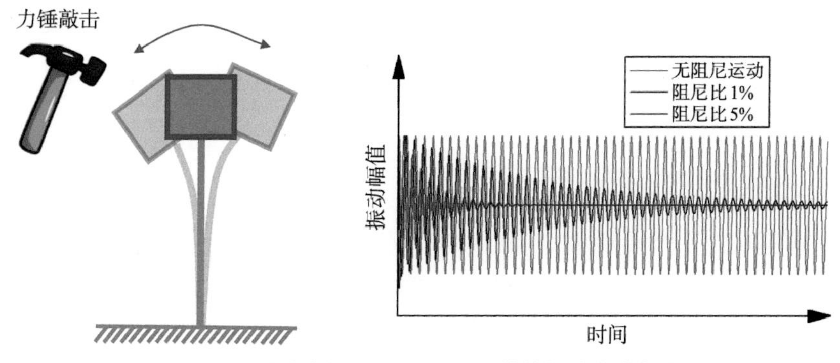

图1-13　受到敲击后不同阻尼比物体的振动衰减曲线

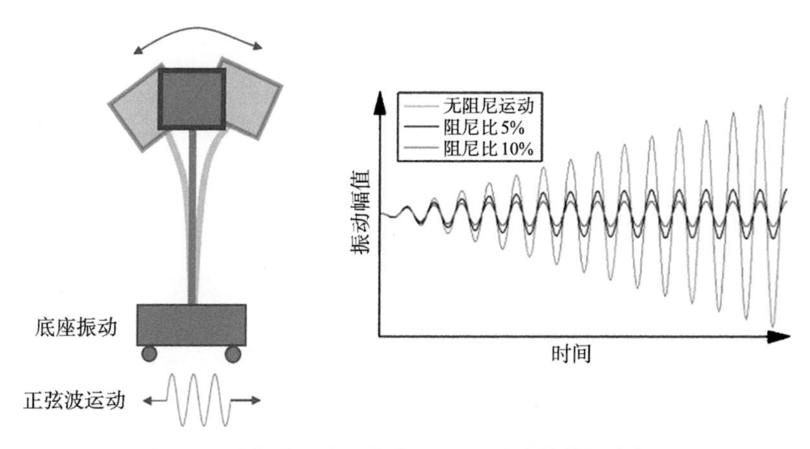

图1-14　底部作正弦运动时不同阻尼比物体的振动曲线

致。当物体为无阻尼时，物体的振幅将不断增大，因为输入的能量不断转化为物体的动能（及支柱中的弹性能）。当物体具有一定的阻尼后，振幅则会稳定在某个值附近，并且阻尼比越大，稳定后的振幅越小。地震期间，建筑底部也会受到地面的往复运动，只是并非正弦波。所以，可以预见到，当建筑阻尼比增大后，建筑物的变形也会减小。

隔震是一种有效提高建筑物抗震性能的技术，其原理可以总结为两点：降低建筑物固有频率（即延长周期）和提高阻尼比。通过降低建筑物固有频率，降低建筑物与地震波的类共振效应，减小地震期间建筑物上的作用力。通过提高阻尼比，降低隔震建筑物在地震下的位移。

1.3
隔震技术对于防震减灾的重要性

1.3.1 人类面临的地震威胁

地震是威胁人类生命安全和财产安全的地质灾害，历史上的历次大地震夺去了无数人的生命，造成了大量的经济财产损失。一方面，地震在地理上具有明确的分布规律，在板块的连接处地震频发；另一方面，地震又具有极大的不确定性，无法准确知道何时何地会发生大地震，这就要求我们在城市和基础设施建设中不能掉以轻心。

在地理上，我们已经知道地震频发的区域。青藏高原、环太平洋区域和南欧-西亚区域都是地震频发的地方，历史上多次大地震都发生在这些地区，而且这些区域汇集了全球大部分人口。

我国也是地震灾害频发的国家，发生了唐山（1976年，7.8级）、集集（1999年，7.6级）和汶川（2008年，8.0级）等大地震。我国需要考虑地震风险的区域，绝大部分都分布在西部（青藏高原、云南）和东南沿海处（台湾附近）。由于有郯庐断裂带，我国北方有不少大地震。

但是另一方面，地震又是高度不确定的，虽然知道有哪些地方容易发生地震，但什么时候发生，会发生多大的地震，人们到目前为止还没有有效的方法预测。而为了应对地震，需要耗费大量财力人力，一旦长期没有大地震，人们就容易产生懈怠心理，认为地震概率很低，自己不会碰上，而抗震带来的额外花费比较高，认为没有必要。我国政府长期以来都在进行抗震防灾的宣传，以期让民众充分了解地震的危险和防灾方法；颁布了多部建筑物和其他基础设施的抗震设计规范，帮助建设具有足够抗震性能的房屋。实际上，随着土木工程技术的发展，已经有足够的技术能够有效减少地震中的生命和财产损失，抗震问题更多的是态度问题而非技术问题。从国外的经验来看，美国从1811年到2014年一共只有4000人死于地震。1960年智利9.4级大地震死亡人数小于6000人，2011年日本9.0级大地震死亡人数小于2万人。反之，2010年海地7.0级地震造成了16万人死亡，1976年唐山7.8级地震的死亡人数超过了24万，汶川地震死亡人数接近7万人（表1-1）。所以，不可因一段时间没有发生地震而放松警惕，在地震危险区必须时刻做好抗震防灾准备。

历次大地震造成的人员损失　　表1-1

国家	地震	里氏震级	死亡人数
美国	1989年洛马普里埃塔地震	7.1	63
日本	1995年阪神地震	7.3	6500
伊朗	2003年巴姆地震	8.6	3.1万
巴基斯坦	2005年北部地震	7.8	3.9万
中国	2008年汶川地震	8.0	6.9万
日本	2011年东日本大地震	9.0	1.6万

1.3.2 为什么需要隔震技术

我国目前的建筑物抗震设计方法中，对建筑物的抗震性能和经济性进行了平衡。一方面要保障建筑物在地震下的安全性，另一方面也要兼顾建造房屋的成本，避免房屋因抗震造价过高。例如，我国的建筑抗震设计规范中提出了“强柱弱梁”的要求，在地震下避免立柱出现破坏导致房屋发生整体倒塌，保护人民生命安全。

抗震设计对于提升房屋在地震下的安全性至关重要，采用抗震技术的房屋比一般房屋的成本增加10%～15%，但高烈度区的抗震设计可能成本更高。一般来说，抗震设防烈度从6度提高至7度，建筑物的造价升高并不显著。但是，抗震设防烈度从7度提高至8度，就会大大提高建造成本。图1-15展示了三种结构形式的建筑物在不同设防烈度下的造价对比（根据2008年的规范要求

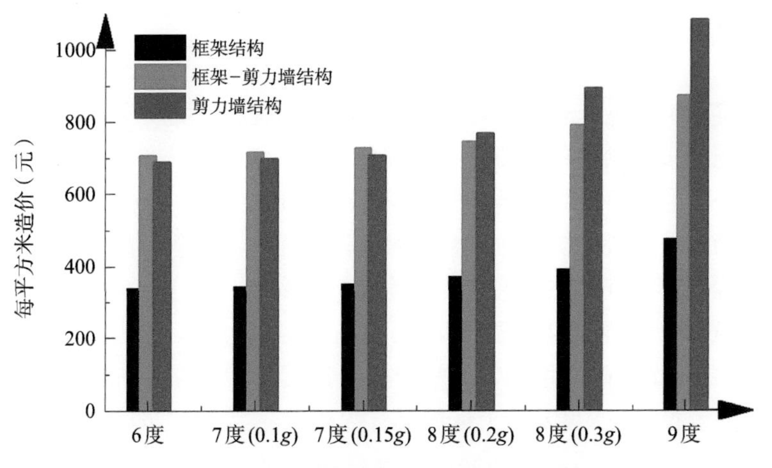

图1-15　不同抗震设防烈度下建筑物的造价对比

（根据2008年数据测算，数据来源：地震设防水准对典型框架土建成本的影响）

及物价水平）。但是，我国有大量城市建造在8度区（包括北京、天津和台北等大城市），少数城市甚至处于9度区（包括昆明市东川区和台湾台中市等地），在部分情况下，这些地方使用抗震设计，建筑的成本过高，或者出现抗震设计方案与建筑物功能相冲突的情况。例如，某些大型购物商场和体育馆等需要大跨度空间，可能在抗震设计中难以实现。

抗震设计中，建筑物的梁柱尺寸、配筋和节点设计等都要加强，这在部分建筑物的建造中是不经济和不适用的。而隔震建筑在底部设置了隔震层，大大减小了地震期间作用在建筑物本体上的惯性力，并配合增加阻尼减小建筑物的整体位移。这种情况下，上部建筑物可以采用减小的梁柱尺寸，减小对建筑物功能的影响（图1-16）。例如，当建筑物所在地抗震设防为8度时，采用隔震技术后，上部建筑的构件可以按照抗震设防7度设计，而相差1度的抗震设防烈度，建筑物上的水平作用力大约减小一半。所以，隔震层尽管会带来额外的装置采购和安装成本，但会减少上部结构的建设成本。

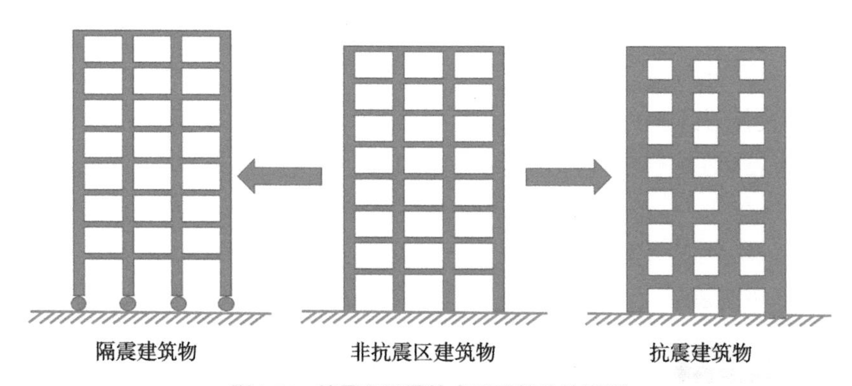

图1-16　抗震和隔震技术下建筑物的区别

在隔震建筑的建造成本方面，因为增加了隔震层的隔震支座、阻尼器和相关构造措施，根据相关单位测算，这部分成本一般在70～100元/m^2。但采用隔震技术后，上部建筑的钢筋、水泥等材料用量减少。

中国勘察设计协会抗震防灾分会对全国范围内130个项目、335万m^{2}减隔震建筑工程进行调查。在建筑抗震性能大幅提高的前提下，9度抗震设防区采用减隔震技术，结构造价明显降低5%左右；8度设防区工程造价略降低或持平；7度区工程造价略有增加，通常增加约100元/m^2。综合来看，仅从建造成本上看，隔震技术在8度及以上区域具有优势。

除了建造成本，图1-17还展示了隔震建筑和抗震建筑的另一个区别，即对于建筑物功能性的影响。在部分建筑物中，存放和安装有贵重物品、精密设

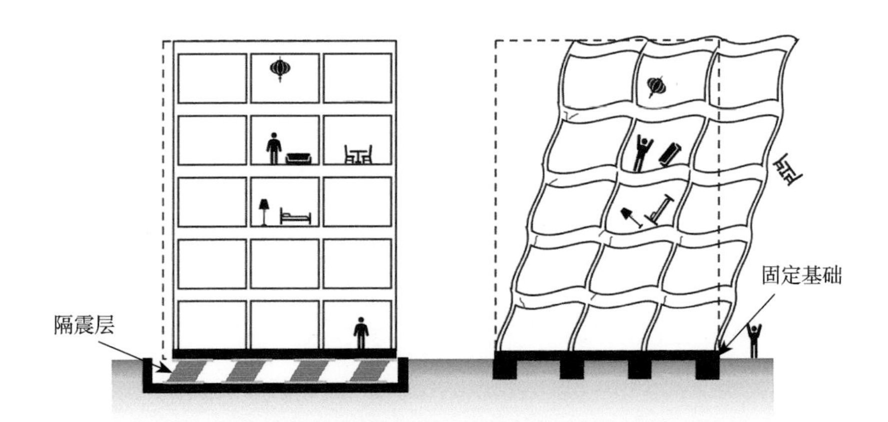

图1-17　抗震和隔震建筑物在地震下的表现

备等物品，如科研机构、银行等场所，另一些建筑物对于抗震救灾有重要作用，如医院、供电设施等，对于这些具有特殊功能的建筑物，不仅要保证建筑本身在地震下不发生损坏和倒塌，还需要保障其内部设施和非结构构件的安全性。

在抗震建筑中，由于建筑物基础固定在地面上，各楼层都受到了巨大的惯性力，导致各层的加速度和振动都较大。这种情况下，楼层上安装的各类设备和非结构构件容易发生倾倒、破损等现象。1994年美国加州北岭地震中橄榄景医院（Oliver View Hospital）内部设备倾倒，导致无法发挥救灾作用，虽然主体结构没有发生破坏，但还需要经过震后修复才能恢复功能。2021年印度尼西亚5.7级地震后，建筑物吊顶破坏（图1-18）。

图1-18　2021年印度尼西亚5.7级地震后，建筑物吊顶破坏
（来源：印度尼西亚灾害管理局）

而在隔震建筑中，固有频率的降低使得建筑物不容易与地震波产生类共振，且变形主要集中在隔震层处，上部建筑受到的惯性力较小，楼层处的加速

度和振动也较小，这种情况下房屋内部的设备不容易发生倾倒。同样是1994年美国北岭地震中，南加州医院由于采用了隔震技术，医院内设备功能保持完好，可以迅速投入震后伤员救治。

综上，隔震技术在强震区可以有效减少建筑物的建造成本，也能更好地防止非结构构件破坏，保障建筑的功能性，是抗震技术的一种补充。

第2章

拨云见日，现代隔震技术的成熟

2.1
隔震技术极简史

前面章节对隔震技术的原理和特点进行了说明。但是，科学原理是一回事，工程应用则是另一回事。有些技术如果空有原理，而没有足够的工程技术，就难以在实际中得到广泛的应用。隔震技术也是经历了多个阶段的发展，才形成了目前较为成熟的隔震技术。

2.1.1 雏形初现：在房屋与基础之间使用柔性连接

尽管目前采用的隔震技术的历史只有不到50年，但隔震理念实际上很早就出现在世界各地的建筑物中，只是方式各有不同。在中国，唐朝时期修建的小雁塔就采用了一种球面基础，在塔基周围的土层被夯实，这样在强震作用下，上部塔身和地基之间可以产生相对滑动，这也使得小雁塔数百年间经历多次地震而不坏。明代修建的紫禁城内的主要建筑都建造于大理石高台上，大理石台面下方普遍设有含有糯米成分的柔软层，整个建筑犹如一艘漂浮在水上的船，起到了隔震作用。类似的建筑也在唐山大地震中发现过，唐山大地震后，当地95%的建筑被毁，但是一片废墟中有两栋4层砖楼屹立未倒，仅沿着地面滑动了40多厘米，这是因为墙体下面有一层柔软的防水油毛毡，起到了一定的隔震作用，这是朴素的隔震技术在地震中的表现实例。

在实践中，工程师们意识到了采用柔软的基底设计可以有效减小地震作用，陆续提出了各式各样的隔震装置。1870年，美国加州旧金山的Jules Touaillon获得一种隔震技术的专利授权。图2-1中展示了这个隔震层由上下两个曲面组成，中间为球形。在地震中，上下面层可以发生相对滑动，但刚度较小，这样就起到了隔震作用。而上下面层是凹球面，在地震结束后，上部房

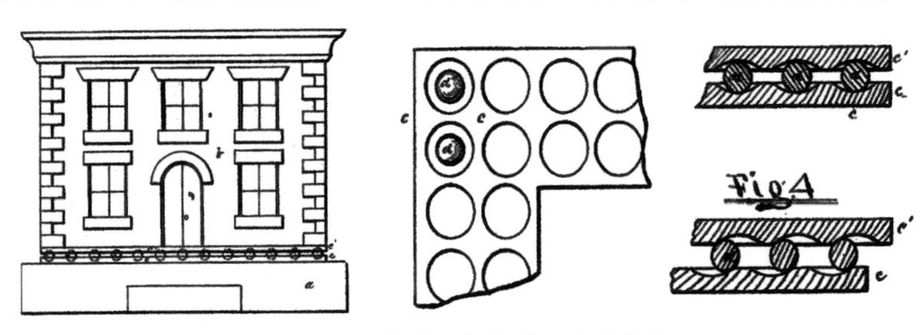

图2-1 1870年美国授权的隔震建筑专利

屋的重力会使得中间的球体和上部房屋回到初始位置，防止地震后房屋与地面存在残余变形。1891年，日本的Kozo Kawai提出在建筑物底部设置原木实现隔震。1906年，J. Bechtold的专利中将建筑物建造在一块刚性板上，再将刚性板安装在松散的卵石、砾石上或硬质材料球上，形成可以滑动的支座基础板。1909年，意大利工程师也提出了采用细砂或滚筒的隔震方案，英国的J. A. Calantarients提出将建筑物与基础通过一层砂隔开，并提出了防止建筑在大风下移动的装置。1932年，R. W. de Montalk提出了在建筑和基础之间采用能吸收能量的材料，引入了能量耗散的概念。

到1960年代，人们已经提出了接近上百项隔震装置，但极少有隔震建筑被实际建造出来，大部分专利仍停留在设想阶段。虽然人们已经意识到，削弱上部建筑与地基在水平向的连接可以减小建筑物的地震作用，但如何在工程中实现隔震还存在困难。在这个时期，最为著名的隔震建筑是于1921年完工、由美国建筑师Frank Lloyd Wright设计的日本东京帝国酒店。该酒店的地基下有一层8英尺厚的土壤，在其下方有60～70英尺厚的抗剪强度极小的软泥层。于是，Wright采用间隔很小的短桩支撑上部建筑，使得软泥层成为缓解地震冲击的"良好缓冲垫"(图2-2)。酒店建成不久后，成功抵御了1923年日本关东大地震。1934年Himeji分公司的钢筋混凝土建筑和Fudo Chokin银行Shimonoseki分行的建筑也采用了一种滚珠隔震装置。这个时期也有一些建筑物因为没有与地基牢固连接而在地震中表现较好，如1933年长滩地震中，几栋还未经加固的砌体房屋就没有损坏。

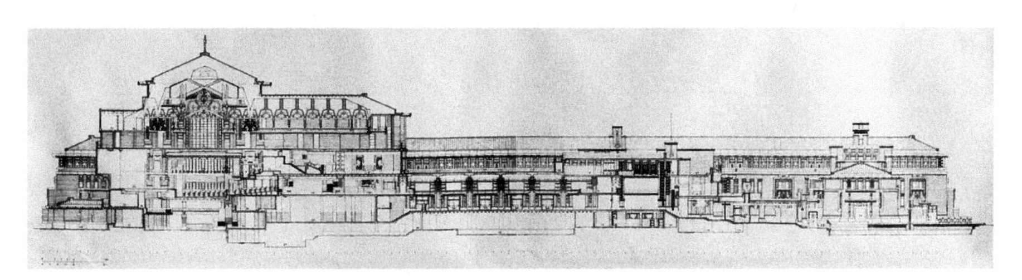

图2-2　Wright的东京帝国饭店设计图，可以看到其下部与地面间采用许多短桩

在1930年代，还出现了一种底部软弱层设计，将底层设计为软弱层，在地震下发生材料屈服从而降低刚度，达到隔震的效果。为了防止软弱底层位移过大，这种软弱层一般设置为地下室，并在地面处（即软弱层顶部）设置限位和阻尼装置，减小建筑物的变形。此后，为了防止软弱底层倒塌，不再对底层进行削弱，改为在建筑物底部设置滚珠和滑板等装置作为隔震层。由于滚珠与滑板的刚度和阻尼较小，地面处仍要设置抗风和阻尼装置，以防止结构在风荷载作用下变形过大。1960年，墨西哥的González-Flores也提出了滚珠隔震装置（图2-3），在直径为50cm的钢盘内，布置400个直径为0.97cm的钢珠形成隔震层。该装置于1974年和1980年在墨西哥城的建筑中得到了实际应用。

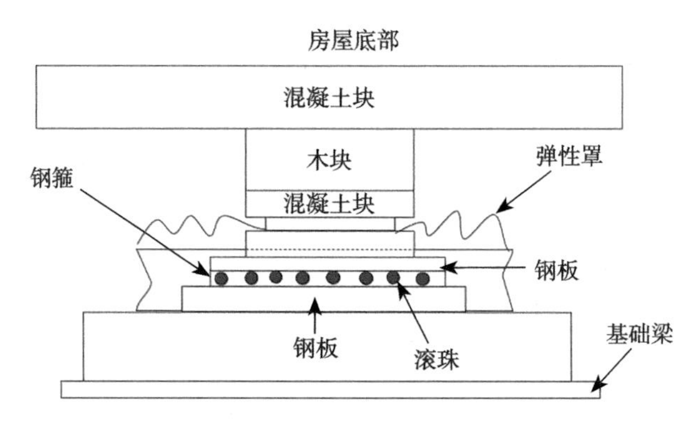

图2-3　1960年墨西哥González-Flores提出的滚珠隔震装置，应用于Legaria Secondary School（1974）和Legaria Church（1980）

但是，在隔震技术发展初期，工程师们仅仅是意识到建筑物与基础之间的柔性连接能够改善建筑物的抗震性能，在工程中的应用往往依赖于经验，缺乏理论指导，也缺少具有稳定的隔震效果的装置，这也导致这一时期的隔震建筑实际案例较少。

2.1.2 突飞猛进：始于橡胶垫的现代隔震技术

从结构的角度看，一个合格的隔震层应满足以下几个要求：

（1）具有承受结构自重和各类竖向荷载的能力，实现竖向安全性；

（2）在初始情况下具有较高的水平刚度，防止隔震建筑在大风情况下出现移动；

（3）隔震层在指定大小的力作用下进入屈服阶段，刚度急剧减小；

（4）在强震情况下，具有较小的刚度，实现隔震效果；

（5）在强震情况下，具有较大的阻尼，减小建筑的地震响应。

而前面介绍的几种较为原始的隔震装置都无法同时完全满足以上几个要求，所以直到叠层橡胶隔震支座的出现，现代隔震技术才开始发展起来。

橡胶是一种超弹性材料，生活中许多工业产品由橡胶制成，如轮胎、篮球、鞋子和橡皮擦，这些物品都具有优异的弹性。橡胶一开始被用于隔离机械振动，例如拖拉机发动机和火车中。1960年代，在A. G. Thomas博士、A. N. Gent博士和Peter Lindley博士的领导下，马来西亚橡胶生产者研究协会开始进行有关橡胶垫在建筑物隔振中的应用研究，并且将橡胶垫应用于桥梁和一些住宅中。此时的橡胶垫用于隔离竖向振动，如音乐厅和地铁站等。时至今日，因为西欧地震较少，欧洲的一些音乐厅仍在使用竖向弹簧系统来隔离竖向振动。这种隔离竖向振动的橡胶垫在1966年的伦敦地铁站中得到应用，在地铁站上方的公寓底部设置橡胶垫。此外，伦敦的一些毗邻铁路的公共住宅区域、电影院（1967年）和酒店（1975年）等也用上了橡胶垫，隔离铁路导致的竖向振动。

世界上首个采用现代隔震理念建造的房屋是1963年在南斯拉夫斯科普里（Skopje，现北马其顿共和国首都）的裴斯塔洛齐小学（图2-4），于1969年完工。这是一栋三层混凝土结构的建筑，由大块未加强的天然橡胶支撑。但是，该建筑物的天然橡胶垫因为厚度较大，出现了在建筑重力作用下橡胶垫侧向鼓出、竖向刚度太低导致房屋倾覆、天然橡胶阻尼比太低效果不佳等问题。

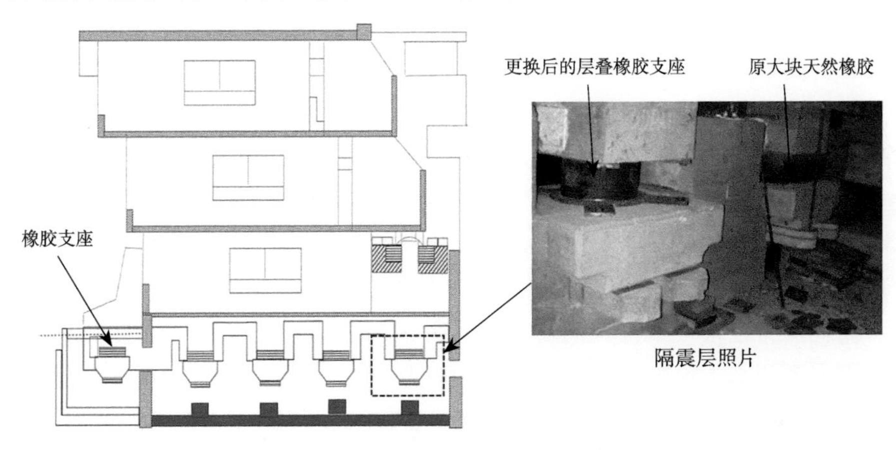

图2-4 裴斯塔洛齐小学剖面示意图

（摄影：Ognen-Gare，获得CC BY-SA4.0授权）

鉴于天然橡胶块存在问题，1978年，Delfosse提出了Gapec隔震器，实际上是叠层橡胶支座，在天然橡胶块内设置叠层钢板约束橡胶的横向变形，可以在不影响橡胶支座水平向的剪切性能的情况下，大幅提升支座的竖向刚度和承载力。这种隔震器在法国马赛附近Lambesc镇上的三层学校中使用，可以将加速度和剪力降为原来的1/2。此后，Delfosse等人对一栋带有Gapec隔震器的20层房屋研究发现，隔震器能将加速度和剪力降低为原来的1/8，但是，水平刚度过小会导致建筑物在风的作用下产生变形，所以Delfosse和Wootton分别提出了抗风装置，这些装置在风的作用下保持连接，但在受力较大的地震作用时会自动断开。

这一时期，橡胶隔震支座最为瞩目的应用可能是在南非的Koeberg核电站

(图2-5)。该核电站由法国工程师设计，在1976年开始建造，并采用了由橡胶支座和不锈钢板平板摩擦滑移支座组成的隔震层，平板支座可以限制地震中传递至上部结构的惯性力，并且在小震（0.15*g*～0.2*g*）下保持不动，整个核电站内共使用了1600个隔震支座。同一时期，始建于1978年的法国的Cruas核电厂也采用了隔震技术，只是没有采用滑移钢板，而是通过采用橡胶支座，直接在更高地震烈度区使用了低烈度区的反应堆设计。

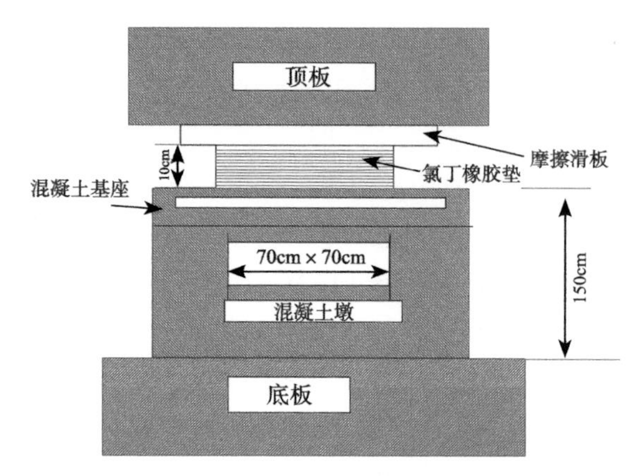

图2-5　Koeberg核电站内采用的隔震支座

但是，天然橡胶的阻尼仍较小，如仅采用叠层橡胶支座，在减小建筑物剪力的同时，可能导致建筑物产生过大的水平位移。由于金属有较为明显的塑性，可以用作耗能，所以出现了用铁作为耗能的橡胶支座。后来，新西兰的Robinson发明了铅芯橡胶支座（lead rubber bearing，LRB），成功地提高了隔震支座的阻尼耗能性能，成为目前最为常见的隔震支座。铅芯这类金属的低刚度、高耗能特性很早就被人们发现，早在1970年代，Robinson和Greenback就开发了一系列基于铅塑性变形的隔震器和能量耗散装置，如铅挤压阻尼器。这些阻尼器被应用在新西兰惠灵顿的Aurora Terrace和Bolton Street隔震立交桥（1976年）中。截至2011年，铅芯橡胶支座在世界范围内已经用于价值1000亿美元的建筑中。

除了常用的铅芯橡胶支座，在1976年加州大学伯克利分校的Kelly教授和马来西亚橡胶生产者研究协会的Derham联合研发用于建筑和桥梁抗震设防的天然橡胶支座，即高阻尼橡胶支座，这种支座不需要铅芯就可以实现较高的阻尼耗能，应用于美国的第一栋隔震建筑，即位于加州Rancho Cucamonga的San Bernadino司法事务中心大楼，于1984年建造。后来，美国加州大学伯克利分校的Zayas提出了摩擦摆支座，利用钟摆原理实现隔震和自复位，利用摩擦阻尼进行耗能，目前也广泛应用于土木工程中，尤其是桥梁结构的隔震中。

除了金属，隔震层的耗能也能采用外置的阻尼器来实现。早在1935年，Bednarski就提出了在滚轮支座上使用黏滞阻尼器减小房屋位移的方案。此后，诸如U形钢板、摩擦阻尼器等装置也被应用在隔震层中，提升整体的阻尼。

2.1.3 日臻成熟：理论与实践齐头并进

早期的隔震技术以工程师们的工程实践经验为主，相关理论和规范都欠缺系统性的研究。直到1990年代后，随着橡胶支座和计算机技术的发展，相关理论和标准才日趋成熟。

前面在介绍隔震原理时使用了地震反应谱，地震反应谱的概念虽然在1932年就已经由Biot提出，但仅限于学术界的研究，直到1943年才趋于完善，在1970年代才开始在工程中得到普遍应用，这一方面是因为缺乏足够的地震波进行计算，另一方面是在那个年代计算反应谱所需工作量太大，人力难以完成。人们最早在1941年记录到了第一条地震波，El Centro地震波，而在1940年代，计算一条有91个点的标准反应谱需要长达120个小时，这也反映出在当时进行隔震设计的不易。

在隔震设计和理论上，多国学者发表了隔震领域的相关专著，包括新西兰学者Skinner和Robinson、美国学者Soong、Constantinou、Kelly、Dargush和Priestley等人。

在隔震建筑的设计规范上，美国、欧洲、日本和新西兰等地都推出了隔震建筑的设计、施工和验收规范，隔震技术越来越规范化。1991年，美国颁布的ICBO规范首次对隔震建筑做出了规定。后来，美国在ASCE 7-10规范和ASCE 41规范中分别对隔震建筑做出了要求，并在1990年的桥梁规范中引入了隔震相关内容。此外，还有日本的BSLOEO（2000）、欧洲的Eurocode 8和意大利的NTC08列有隔震相关内容。新西兰在2019年颁布了专门用于隔震建筑的规范，我国在2001年的《建筑抗震设计规范》中首次在第12章加入了隔震设计的内容，在2020年发布了独立于《建筑抗震设计规范》的《建筑隔震设计标准》GB/T 51408—2021。

在隔震装置研发方面，目前各类隔震装置百花齐放，除了大量使用的橡胶隔震支座和摩擦摆支座，还开发出了三维隔震装置、聚氨酯弹簧和摇摆式支座等新型隔震装置，应用了层间隔震等新式隔震设计，极大地丰富了隔震技术的应用场景。

在隔震技术的应用上，越来越多的建筑、桥梁等工程中开始应用隔震建筑，尤其是在日本。日本是地震多发国家，1983年第一栋隔震建筑建造后，隔震建筑数量增长缓慢。但1995年阪神地震之后，日本对房屋在地震下的安全性极为重视，大量隔震建筑开始建造。日本的隔震技术广泛用于公共建筑和住宅中，截至2014年，日本已建成隔震建筑约9000栋，其中民用住宅达到约

4700栋（图2-6）。与之相比，美国、新西兰等国的隔震技术主要用于公共建筑，如政府、医院和指挥中心，且近年来倾向于使用隔震来保护建筑物内部的重要非结构构件。

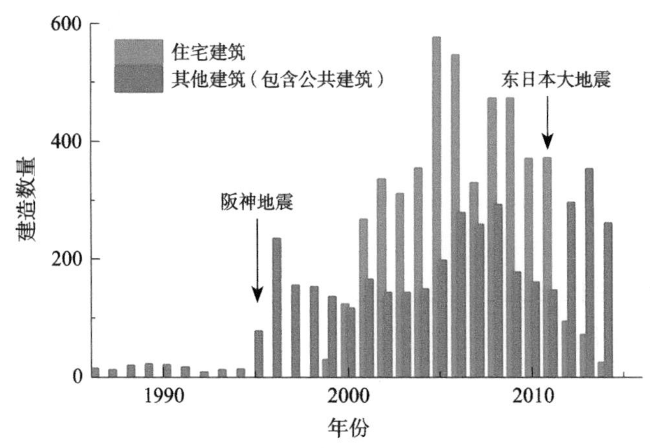

图2-6 日本建成的隔震建筑数量

以橡胶隔震支座为核心的现代隔震技术经过40余年的发展，如今已经在理论和实践上都有了充足的积累。

2.1.4 落地生根：中国隔震技术发展及现状

我国隔震技术发展历程如图2-7所示。

1980年代后期，我国学者开始关注到橡胶隔震支座应用于建筑的情况，并进行了橡胶隔震支座的研制、结构分析和振动台试验。1993年，由周福霖院士主持设计和建造，在广东汕头市建成我国第一栋应用橡胶支座的8层隔震住宅，这是当年世界最高、面积最大的隔震住宅楼，隔震楼对面还建了同样的

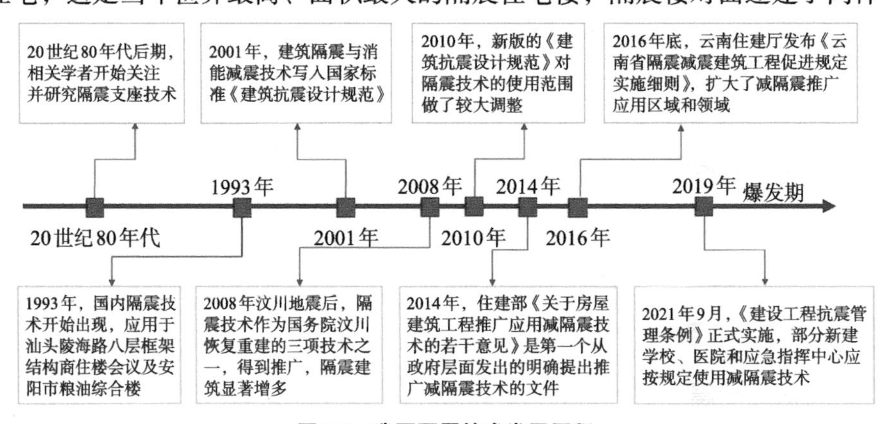

图2-7 我国隔震技术发展历程

8层抗震楼作为对照。这个项目由联合国工业发展组织在1989年拨款立项，是中国为世界各国建造的隔震住宅示范工程。次年台湾发生地震，地震中，隔震楼在橡胶隔震层上缓慢摇摆，将地震反应降至很低，房屋结构在地震中保持弹性，没有任何损坏，只是轻微摆动，居住者几乎没有感觉；而作为对照的抗震楼激烈晃动，有人还跳楼逃生，导致伤亡。联合国工业发展组织在汕头召开国际会议，向世界各国推广了这种技术，称之为“世界隔震技术发展的第三个里程碑”。

此后在2001年，建筑隔震相关内容首次被写入国家标准《建筑抗震设计规范》，并在2010年对规范修订时进一步调整了隔震的使用范围，取消了对隔震设计的诸多限制，规范提倡在“抗震安全性和使用功能有较高要求或专门要求的建筑”中使用，更利于该技术的发展。2008年汶川地震后，隔震技术作为国务院汶川恢复重建的三项技术之一得到推广，隔震建筑显著增多，新修订的《防震减灾法》中，也增加了“第四十三条 国家鼓励、支持研究开发和推广使用符合抗震设防要求、经济实用的新技术、新工艺、新材料”。2014年2月，住房和城乡建设部又发布新文件明确提出推广建筑减隔震技术。2020年，新国家标准《建筑隔震设计标准》GB/T 51408—2021颁布，是国内外首部独立的隔震国家标准，扩展了隔震加固、核电站隔震、村镇隔震等要求。2021年9月1日起，《建设工程抗震管理条例》在国内生效，其中第十六条规定“位于高烈度设防地区、地震重点监视防御区的新建学校、幼儿园、医院、养老机构、应急指挥中心、应急避难场所、广播电视等公共建筑应当按照国家有关规定采用隔震减震等技术，保证发生本区域设防地震时满足正常使用要求”，将进一步推动隔震技术在国内的高速发展。

2.2 叠层橡胶隔震支座

橡胶很早就被用来隔离振动，但直到发明叠层橡胶之后，人们才获得了性能稳定、隔震效率高的隔震支座，现代隔震技术才取得了突破。本节将重点介绍叠层橡胶支座的组成和力学特性。

2.2.1 从橡胶垫到隔震支座：叠层橡胶支座的组成

1.橡胶：隔震支座的肌肉

橡胶隔震支座是由钢板和橡胶一层层交错硫化在一起而成，橡胶是支座水平变形的主要材料，构成了支座的“肌肉”。橡胶在现代工业中有许多用途，被用于制造橡皮擦、轮胎、雨衣等生活用品。目前，隔震支座里常用的橡胶是天然橡胶和氯丁橡胶。中国幅员辽阔，跨维度较广，地域气温降水差异明显，而橡胶支座需要能适应不同地域的气候和温度。氯丁橡胶除抗冻和弹性性能外，其他性能（如耐油、耐腐蚀、抗老化和阻尼等）均优于天然橡胶。所以，一般采用氯丁橡胶作为常温型隔震支座，采用天然橡胶作为耐寒型隔震支座。常温型橡胶支座适用温度在-25～60℃，其材质为氯丁橡胶；耐寒型橡胶支座的主要原料为天然橡胶，适用于-40～60℃。

早期的橡胶支座由纯橡胶块构成（图2-8），具有较小的水平和竖向刚度。当橡胶块厚度比较大时，橡胶垫的水平刚度才能足够小，但是此时的橡胶块竖向承载力过小。橡胶的抗拉能力比较差，图2-9展示了厚橡胶块在竖向压力下的变形，橡胶块中部会受拉开裂，产生一道竖向裂缝而破坏。由于橡胶强度较低，这种情况下厚橡胶块的竖向承载力难以满足大楼的需求。

图2-8　橡胶块

2.叠层钢板：隔震支座的骨架

橡胶是隔震支座的肌肉，但仅有肌肉是不够的，要支撑起大楼的重量，还需要有骨架。从图2-9可以看到，纯橡胶块竖向承载力较低的主要原因是橡胶发生了过大的横向变形，导致中部出现开裂。如果能约束橡胶的横向变形，就可以大幅提高橡胶支座的竖向承载力。因此，在橡胶块之间插入水平向的多层钢板，就解决了这个问题。

加入多层的薄钢板后，橡胶块被分割成许多个薄层，每个薄层的厚度很

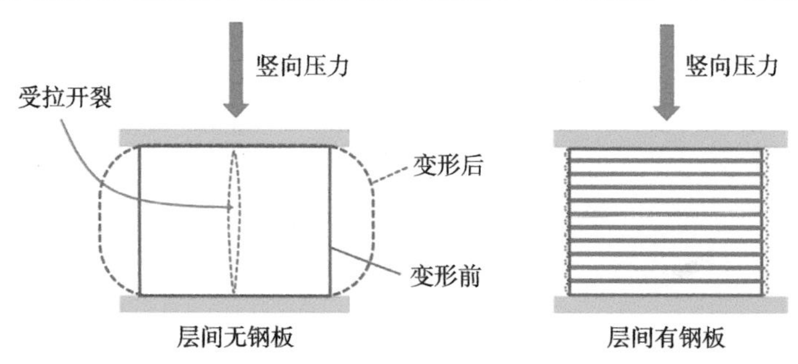

图2-9　橡胶层间钢板的作用

小。工程中需要对橡胶进行硫化，使得橡胶与钢板紧密结合在一起。这样在竖向力的作用下，每个橡胶薄层的横向变形受到了钢板的约束，横向变形较小，橡胶支座就可以承担更高的竖向承载力。如图2-10所示。

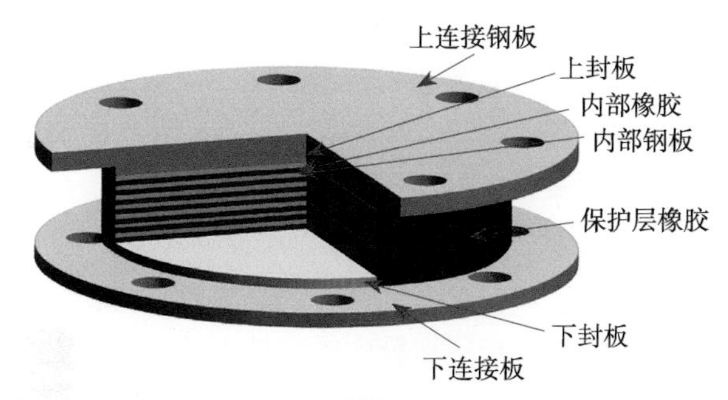

图2-10　叠层钢板橡胶支座（剖视图）

要约束橡胶的横向变形，可以采取很多种方式，而叠层钢板具有一个显著的特点和优势就是不会影响橡胶支座水平向的低刚度。隔震需要橡胶支座在水平向具有较小的刚度，加入叠层钢板后，橡胶薄层仍可以在水平向实现较低的刚度。

3.铅芯：隔震支座的耗能源

叠层钢板橡胶支座具有较低的水平刚度，满足隔震设计的要求，但有两点不足，即阻尼和静态刚度较小。采用天然橡胶制成的隔震支座阻尼比较低，在地震下耗能能力较小。为此，工程师尝试了用不同材料作为耗能装置加入到隔震支座中，最终由新西兰的Robinson发明的铅芯得到了广泛的使用（图2-11）。铅芯具有低刚度和高阻尼的特点，对支座的水平刚度影响较小，但可以大幅提高阻尼。此外，采用特殊橡胶制成的高阻尼橡胶支座也能大幅提高支座的耗能能力，并应用到一些工程中。

铅芯橡胶支座的第二个特点就是有较大的初始刚度。隔震建筑在正常使用状态下需要较大的刚度，以抵抗风、撞击和小震工况下的水平作用力。前面讲

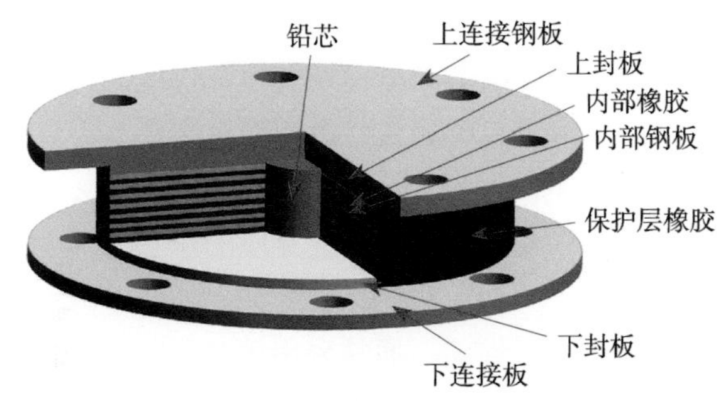

图2-11　铅芯橡胶隔震支座（剖视图）

到，隔震技术发展初期提出了一些滚珠式隔震支座，但是由于刚度太小，需要额外设置风稳定装置。铅在初始状态下具有较大的刚度，在橡胶隔震支座中间灌注铅芯可以提高支座在初始状态下的水平刚度。在大震情况下，铅芯发生屈服，隔震支座仍具有较小的水平刚度。

4.橡胶保护层：隔震支座性能发挥的盔甲

建筑物的使用寿命一般为50年，隔震支座要设置在建筑物的底部或桥墩上部。橡胶是一种对温度敏感的材料，在正常使用过程中，支座会遭受紫外线的照射、老化影响等，因此支座在使用过程中是否老化一直是大家关心的问题。为此，国内外工程师想了一个在支座外围包裹橡胶保护层的办法，确保至少10mm的保护层，同时在保护层橡胶中添加抗老化剂，让老化都集中在保护层，而不影响支座的正常力学性能。国内外实际工程的调研发现，10mm的保护层厚度对一般建筑结构是恰当的，老化大多发生在保护层内；但对于近海或跨海工程所用的橡胶隔震支座，由于还有海洋腐蚀等多种因素的复杂环境影响，这个厚度可能要提高到20mm。可以说，橡胶保护层是支座的盔甲，保障支座力学性能正常发挥。

2.2.2 从隔震理念到实际产品：橡胶支座的力学特性

从隔震原理上看，隔震支座最重要的特性是水平向的低刚度。在实际工程中，对于隔震支座则提出了更多要求，既要符合隔震技术的要求，还要满足工程需要。一般来说，工程中对于隔震支座需要检测其水平刚度、水平剪切变形、竖向刚度、竖向承载力和耗能能力这5个参数。

1.水平刚度

水平刚度是实现隔震效果的关键。在叠层橡胶支座上板处施加一个水平力，支座就会产生相应的水平变形，变形越小就表示刚度越大，变形越大则代表刚度越小。隔震支座的水平刚度越小说明隔震效果越好，实际工程中会根据隔震目标要求设计一个比较合适的水平刚度值。

叠层橡胶支座的水平向变形能力是由橡胶层提供的。支座包含许多个橡胶和钢板薄层，其中橡胶层可以发生较大变形，钢板则基本不发生变形。图2-12展示了叠层钢板橡胶支座的变形状态。蓝色部分为橡胶层，橘色部分为钢板，由于只有蓝色的橡胶层可以变形，叠层橡胶支座的水平变形能力实际与橡胶厚度一致的纯橡胶块相近。

为了描述橡胶支座的水平性能，通常采用第二形状系数S_2，这个数值用橡胶受压面的最小尺寸除以橡胶层总厚度得到。第二形状系数是支座橡胶层的高

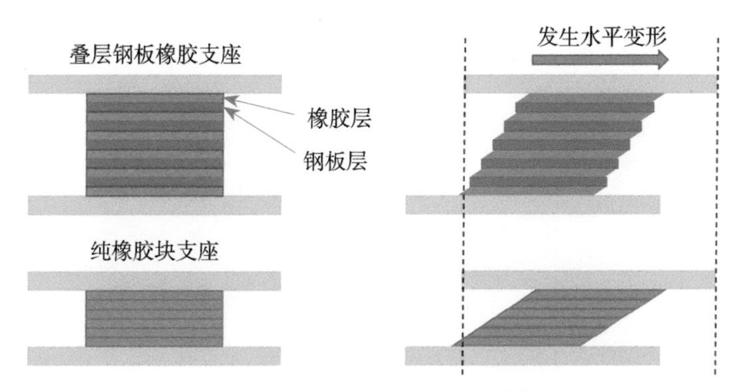

图2-12　叠层橡胶支座变形示意图

宽比，数值越大，则橡胶总厚度越小、支座稳定性越好、竖向承载力越大，但是相应的水平刚度也比较大。通常会规定第二形状系数S_2不能小于某个数值。

2.水平剪切变形

水平向力学性能除了刚度，还有极限剪切变形的要求。橡胶具有优异的剪切变形性能，极限剪切应变可以达到700%。橡胶与钢板硫化结合后，按照国内外学者们的试验结果，叠层橡胶支座水平向的极限剪应变可以达到400%，最大位移达到直径的65%（图2-13）。所以，国家规范中对于支座极限剪应变的性能规定是350%。

图2-13　试验中橡胶支座的变形

在水平力的作用下，橡胶支座发生水平变形后，支座的实际竖向受力面积会减小，此时如果仍旧按照橡胶层的截面面积计算压力会不准确。图2-14展示了叠层橡胶支座水平变形时的实际受压面积（阴影部分）。一方面，当支座有水平变形时，实际受压面积急剧减小，但上部结构的重量不变，这样就会导致橡胶的压应力急剧上升，可能出现超过压应力极限的情况。另一方面，变

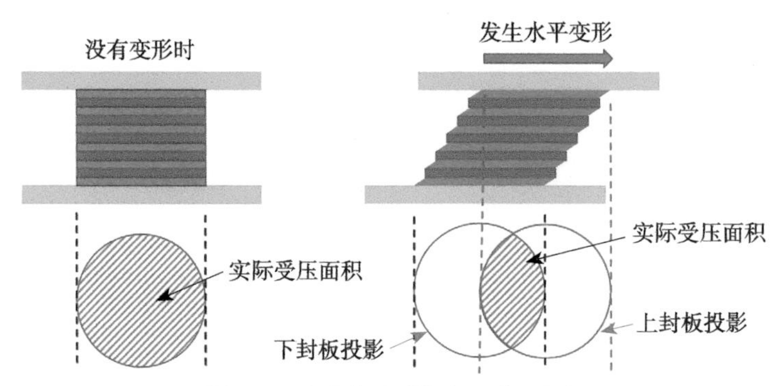

图2-14　支座变形时的实际受压面积

形过大的时候，上部结构的竖向力可能会超出下封板区域，造成支座失稳和倾覆。所以，同样会对支座提出极限变形的要求，并在工程中避免支座产生过大的水平变形。按照我国规范的要求，隔震设计时，支座的最大变形不能超过直径的0.55倍，且不能超过橡胶层总厚度的3倍，这是在设计时预留了一定的安全储备。

3.竖向刚度

与水平刚度类似，隔震支座的竖向刚度也是至关重要的。按照隔震原理，隔震支座应该具有较大的竖向刚度，防止结构出现过大的竖向振动。如果隔震支座的竖向刚度太小，那么地震下，上部建筑会发生明显的竖向振动。所以，在传统的水平隔震中，会使用竖向刚度较大的支座。近年来，由于地铁上盖建筑的开发，以及对建筑物内精密仪器振动保护的需求，开始需要三维隔震装置，还会要求隔震支座具有较小的竖向刚度（图2-15）。如何有效实现三维隔震（振）是世界难题，也是目前国内外科学家研究的热点。

图2-15　三向隔震支座，具有较低的竖向刚度

4.竖向承载力

前面提到，大楼重量很大，早期的橡胶块支座由于承载力不足，通常只能用于低矮建筑的隔震。要在现代化大楼中使用隔震支座，需要支座具有较高的竖向承载力，而叠层橡胶隔震支座就具有足够支撑起大楼的竖向承载力（图2-16）。

由于在橡胶层中加入了多层钢板，约束了橡胶的横向变形，叠层橡胶隔震支座具有足够高的竖向承载力。通常，会用第一形状系数S_1来描述支座的竖向性能。数学上，第一形状系数S_1为橡胶受约束受压面积（也就是横截面积）除以橡胶自由面积（也就是侧面积）。第一形状系数越大，则橡胶层越薄，钢板约束力越强，支座的竖向承载力和竖向刚度也就越大。因为普通隔震建筑需要较高的竖向承载力和刚度，所以通常来说第一形状系数越大越好，但相应地所需钢板的造价就越高。

图2-16　直径1m的大型橡胶支座

5.耗能能力

提高阻尼是减小隔震建筑位移的有效方法，叠层橡胶隔震支座中通常采用加入铅芯或采用高阻尼橡胶的方式来提高耗能能力。所以，耗能能力是叠层橡胶支座十分重要的特性，通常用变形–剪力曲线来描述。

图2-17展示了三种典型橡胶隔震支座的变形–剪力曲线对比。通过原点处的直线斜率代表了支座的初始刚度，变形–剪力曲线围成的面积代表了耗能能力，在大变形状态下的斜率代表了大震下的水平刚度。三种支座的水平刚度基本一致，但天然橡胶支座耗能能力较差，高阻尼支座耗能能力大幅改善，但初始刚度仍较小，而铅芯橡胶支座则兼具高阻尼耗能和较大的初始刚度，适合用于建筑隔震。

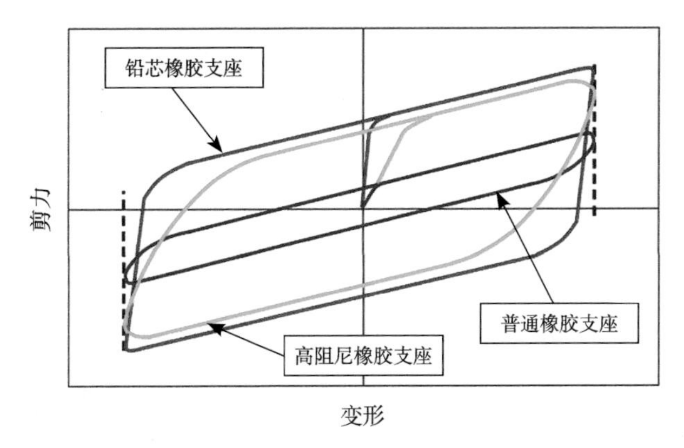

图2-17　三种典型橡胶支座变形–剪力曲线对比

2.2.3 从实验室到工程应用：橡胶支座的环境耐受力

一个成功的隔震支座不仅需要在实验室里测得优异的试验数据，还需要经历大自然的考验，在实际工程中能长期发挥作用。俗话说“水滴石穿”，在长期的环境作用下，隔震支座可能会丧失原有的特性。例如，法国Cruas核电厂的隔震垫是合成氯丁橡胶制成的，容易发生老化现象，随着使用年限的增加，橡胶会硬化从而改变隔震垫的性能。如今，橡胶隔震支座经历40多年的发展，大量的实际工程都证明了其适用性，并且积累了宝贵的经验。

1.老化性能

橡胶在外部的物理作用（包括光照、热、外力等）下和内部化学反应（包括氧化降解和结构化反应等）下会发生老化作用，表现为橡胶的强度下降，表面硬化、龟裂而失去弹性（图2-18）。在生活中，许多橡胶制品，如橡胶管、橡胶接头和橡胶桌垫等，使用久了以后也都会发生老化。

图2-18　橡胶支座老化和腐蚀照片

橡胶隔震支座的老化主要由氧化作用导致，由于裸露的橡胶老化速度较快，所以通常采用外加保护层的方式防止内部核心区的橡胶老化。且保护层橡胶氧化后，对内部橡胶起到保护作用，防止进一步老化。目前，我国规范规定橡胶隔震支座的设计使用寿命不低于60年，以满足我国工业与民用建筑50年的设计使用年限。

2.徐变性能

在长期竖向荷载作用下（荷载大小基本不变的情况下），橡胶支座会产生不可恢复的持续变形，称为徐变。徐变在工程中较为常见，在钢筋、混凝土中也有徐变效应。由于过大的徐变会导致结构产生较大变形，我国标准中要求在设计荷载下，60年内支座的徐变不能超过橡胶总厚度的10%。

3.疲劳性能

在高频次的反复荷载作用下，支座性能出现降低的现象称为疲劳。这里需要注意疲劳对应的反复荷载次数高达上百万次，虽然在地震作用下支座也经受了反复荷载，但地震中荷载的循环次数较少，远远达不到疲劳次数，所以地震下的反复荷载与疲劳中的反复荷载不一样。在工程中，地面的振动（如铁路、汽车等）和风都有可能导致构件的疲劳。

4.耐寒耐热要求

橡胶性能与温度息息相关，因此橡胶支座的性能也与温度有关系。对于普通橡胶支座，我国标准中推荐的试验温度为-20～40℃。但橡胶在高温和低温下力学性能可能发生变化，因此标准要求对于高寒地区或使用环境温度过低的橡胶隔震支座，应根据需要补充相应的低温试验。我国北方地区，冬季室外温度较低，如黑龙江等地冬天气温可达-40℃。因此，橡胶隔震支座在北方的应用需关注其低温力学性能。

火灾高温对支座最直接的影响是导致支座失效，因此，橡胶隔震支座需进行耐火性能试验或采取耐火措施，以满足耐火时间要求。但是由于耐火设备的差异，目前还没有对各类型支座耐火能力的通用判断方法，需要对每种支座进行试验才可得出耐火能力。以直径500mm左右的叠层橡胶隔震支座为例，根据试验和数值模拟结果，在没有任何防火构造的情况下，其耐火极限在1～1.5h。

综上，经历40多年的发展，叠层橡胶隔震支座性能优异且稳定，已经有了较为成熟的理论与较多的工程实践，是提高结构抗震安全性的有效措施。但同时要指出的是，在实际工程中使用叠层橡胶隔震支座需要合理的隔震设计、高质量的支座产品、合理的构造措施、正确的施工方法和适当的后期维护，隔震支座的不当使用反而会降低建筑物的抗震性能和安全性。

2.3 摩擦摆隔震支座

摩擦是一种具有强非线性和耗能能力的行为，实际上很早就有工程师采用摩擦作为隔震方式，但是早期的摩擦隔震不太成熟，直到摩擦摆隔震支座的出现，摩擦隔震才成为一种可行的隔震方案。现在，摩擦摆支座已经广泛使用在土木工程领域，尤其是在桥梁结构中。本节将重点介绍摩擦摆的工作原理和特性。

2.3.1 后起之秀：现代摩擦摆支座

1909年意大利墨西哥地震后，Mario Viscardini发明了一种利用摩擦的隔震装置，也就是本章开头提到的在意大利发生的隔震与抗震的讨论。

Viscardini摆的特点在于底部的滚珠上下都是弧面，这样滚珠就会自动复位，因而形成了一个“摆”结构。这个装置与1870年首个隔震专利类似，水平刚度均很小，在风作用下就可能发生偏移，因此没有实际使用，但这种形式被认为是后续摩擦隔震装置的雏形。

此后，直到1987年，Victor Zayas重新通过摩擦和摆结构，提出了现代摩擦摆隔震支座结构（图2-19）。支座下部为一个半球体的不锈钢弧面板，上部为钢板和滑块，滑块与弧面板之间采用聚四氟乙烯（PTFE）涂层以降低摩擦力。这个装置经过了理论分析和试验测试，具有明显的隔震效果。

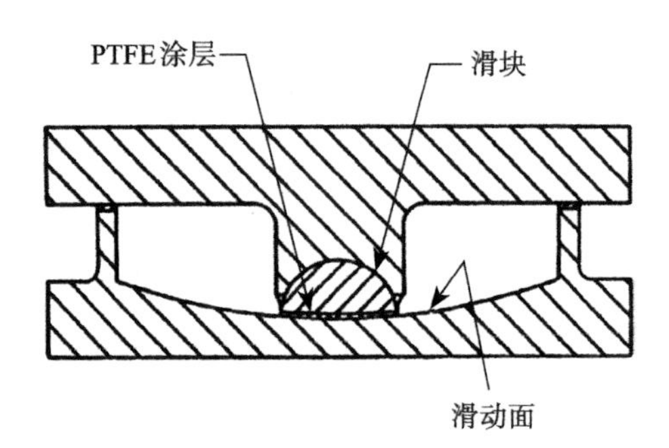

图2-19　Zayas提出的摩擦摆结构图（1987）

摩擦摆支座可以实现较大的允许变形，且具有较大的竖向承载力，因此被广泛用于公路桥梁的隔震中。在1989年Loma Prieta地震和1994年Northridge地震两次大地震后，美国加州交通局开始设法推动采用摩擦摆支座用于桥梁隔震。其中最典型的是Benicia-Martinez大桥的升级改造，此次改造采用了巨大的摩擦摆隔震支座，该支座具有高达1.34m的水平变形能力，约23万t的竖向承载力，直径达到4m，重约180t。

为了进一步提升摩擦摆支座的性能，在单面滑动的摩擦摆基础上，又陆续提出了多种摩擦摆，代表性的包括变曲率摩擦摆、多重摩擦摆和变频摩擦摆等。除了已经大量使用的标准摩擦摆，双曲摩擦摆和三重摩擦摆是实际在欧洲应用的新型摩擦摆形式，而有些摩擦摆结构还只停留在纸面上和实验室里。

摩擦摆的原理十分简单，但摩擦摆的实际力学性能受到许多因素的影响，也在工程中衍生出许多问题。目前，有关摩擦摆支座的研究仍在进行中。

2.3.2 简单与复杂并存：摩擦摆的组成与隔震原理

1.摩擦摆的简单模型

简单来说，摩擦摆的原理是通过摩擦进行耗能，通过摆结构实现自复位功能。图2-20展示了标准摩擦摆支座受到水平推力时的变形，在水平推力的作用下，上部板开始水平移动，中部滑块与下凹面产生摩擦进行耗能，而摩擦摆支座在移动了一段距离后，由于凹面的作用，重力会有一个平行于凹面的分量（图2-20），使得滑块重新恢复到初始位置。由于滑块始终沿着凹球面运动，凹球面半径为R，则在地震作用下滑块的运动与吊长为R的单摆一样往复运动，所以被称为摩擦摆（图2-21）。放置在摩擦摆上的结构，其自振周期也可以用吊长为R的单摆的自振周期计算公式计算。

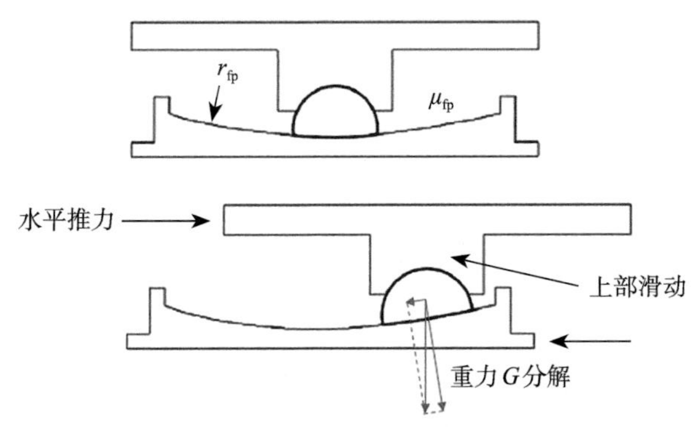

图2-20　标准摩擦摆支座受到水平推力时的变形

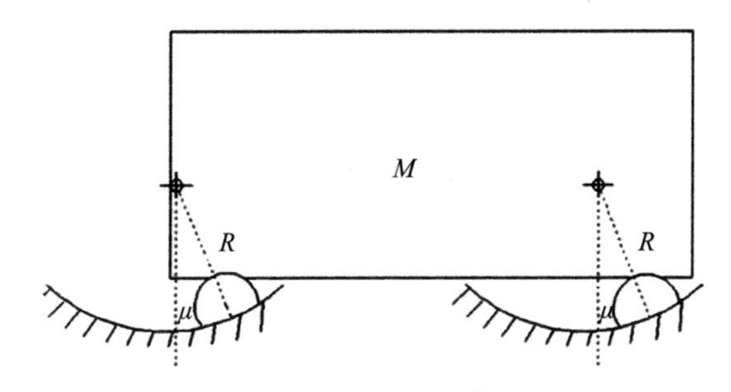

图2-21　摩擦摆支座顶面始终按照半径为R的弧面滑动，犹如吊长为R的单摆，因此被称为摩擦摆

图2-22展示了一次循环荷载下，摩擦摆支座从初始位置开始移动，直至回到初始位置过程中的受力。在阶段①，摩擦摆处于初始状态，受力和变形均为0。在阶段②，上部结构受到向右的水平推力F，且F小于摩擦摆的起滑力，此时摩擦摆处于未滑动状态，受力为F，变形为0（理想情况下）。在阶段③，水平推力F大于摩擦起滑力，此时摩擦摆进入滑动状态，摩擦摆的反力为摩擦力（还要加上重力的切向分量）。在阶段④，调转水平力F方向，此时摩擦摆进入反向滑动状态，摩擦摆反力仍为摩擦力。在阶段⑤，摩擦摆回到初始位置，完成一个循环。

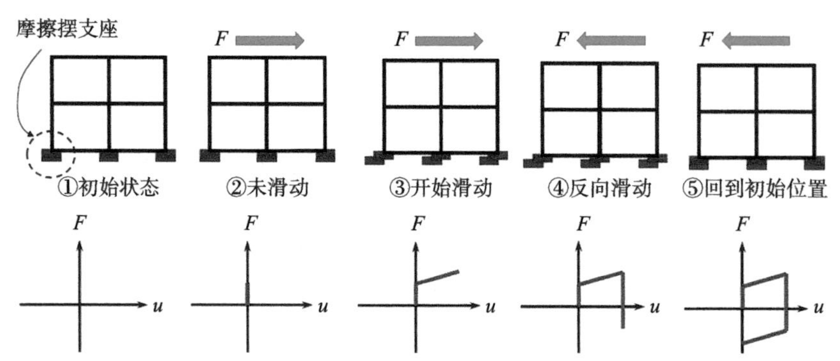

图 2-22　一次循环荷载下摩擦摆支座的受力与变形曲线

摩擦摆支座在初始状态下具有很高的初始刚度，这有利于其抵御风荷载等外力，在非大震情况下不会发生过大变形。摩擦摆在滑动后的刚度取决于下凹面的半径，可以在较大的范围内进行调节。此外，其滞回环面积较大，具有较强的耗能能力，阻尼比较高。另外，滑块没有脱离下凹面时，摩擦摆支座都能正常工作，所以其允许水平位移很大。且中部滑块采用了可转动的关节，摩擦摆支座具有一定的转动能力。

2.摩擦摆的复杂性之一：多重摩擦摆支座

标准摩擦摆支座机理比较简单，实际中，摩擦摆支座表现出较为复杂的力学性能，一方面，基于标准摩擦摆支座可以衍生出多种复杂的支座；另一方面，则是实际中的摩擦具有较为复杂的力学表现。

多重摩擦摆支座是标准摩擦摆的一个典型衍生产品，图 2-23 展示了典型的三重摩擦摆支座，它由 2 个上滑动面、2 个下滑动面和中间的滑块组成，具有更高的摩擦耗能效率。采用多重摩擦摆，可以进一步提升支座的变形能力。

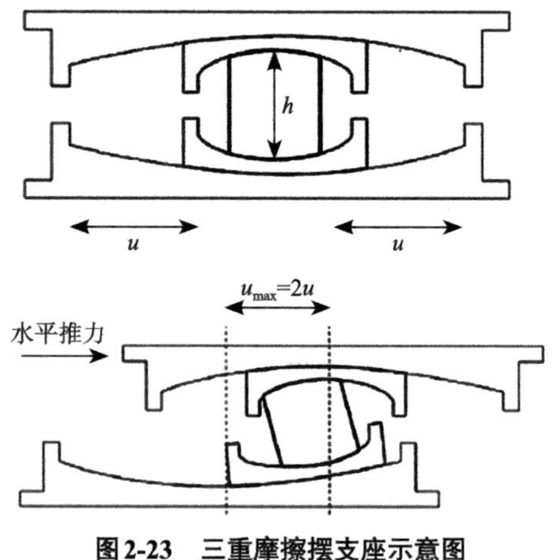

图 2-23　三重摩擦摆支座示意图

但是，摩擦摆也有一个劣势就是抗拉拔能力较弱。对于叠层橡胶隔震支座，是要求其具有一定的抗拉能力，尤其是对于要在高层建筑中使用的隔震支座，其抗拔能力要求更高。图2-24展示了高层建筑在水平力作用下，更容易在脚部产生拉力。叠层橡胶支座具有一定的抗拉能力，而标准摩擦摆支座由于需要靠重力产生摩擦力和进行复位，一旦支座中出现拉力，滑块将无法与凹面保持接触，摩擦摆就失效了。而且，摩擦摆运动过程中会导致竖向顶升，所以，摩擦摆支座更适合用在低矮建筑上，特别是桥梁结构中。

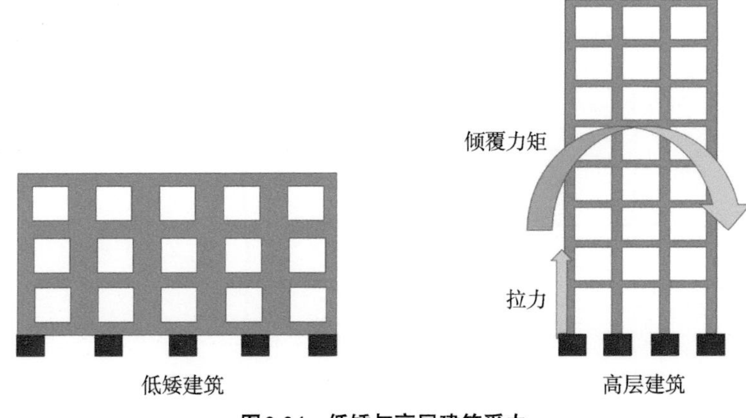

图2-24 低矮与高层建筑受力

为了解决摩擦摆抗拔能力不足的问题，目前也发明了抗拔摩擦摆支座，限制支座的受拉。

3.摩擦摆的复杂性之二：不断变化的摩擦系数

按照我们在中学学习的经典库仑摩擦理论，摩擦力与压力和摩擦系数成正比，与接触面积无关，其中摩擦系数与摩擦面的材料直接相关。因此，在理想状态下，摩擦摆支座力学性能可以简化为弹簧和干摩擦的并联。但实际工程中，摩擦摆的摩擦力十分复杂，受到多种因素的影响。

一个影响因素就是滑动速度。我们知道，物体的静摩擦力是大于滑动摩擦力的，进一步，滑动面的实际摩擦系数与运动速度相关，可以简单绘制成图2-25所表示的曲线。而摩擦摆在滑动时，速度较低，其实际摩擦系数取值并不恒定，需要一定程度的简化计算。所以，摩擦摆滑动面的摩擦系数实际上十分复杂。

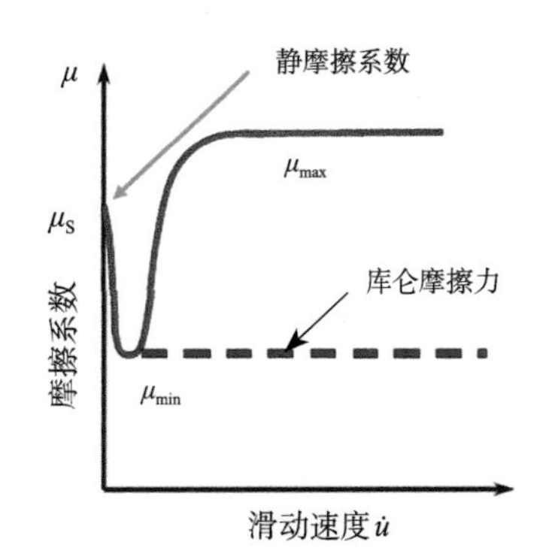

图2-25 摩擦面实际的摩擦系数与滑动速度的关系

滑块在凹面上滑动，会很快积累较多的热量，导致摩擦面升温。根据试验，温度升高时，摩擦系数通常会降低。再者，动摩擦系数会随着表面压力的升高而减小。以上三个因素都会导致滑动摩擦系数的变化，给摩擦摆支座的力学分析带来困难。

4.摩擦摆的复杂性之三：黏滑现象

前面讲到，静摩擦力通常大于动摩擦力，这就导致了摩擦摆支座的一个特性，名为黏滑现象（stick-slip phenomena）。在摩擦摆支座从静止到滑动，或者是滑动方向改变时，都会经历从静摩擦力到动摩擦力突变的过程，此时的反力会有一个突跃，被称为黏滑现象（图2-26）。

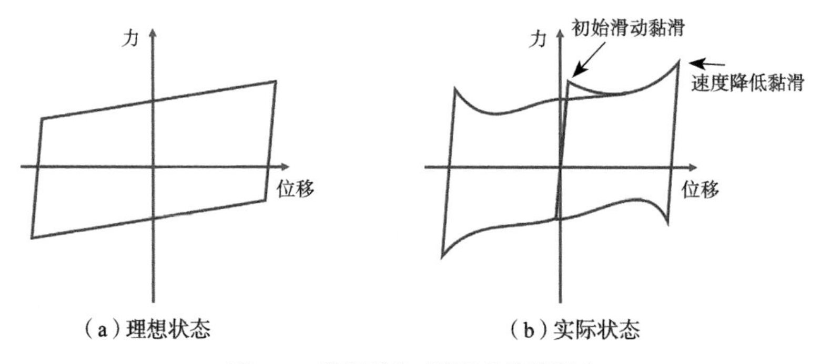

图2-26　黏滑现象对滞回曲线的影响

在地震中，黏滑现象会导致力的突变，对上部结构的隔震不利。在静态下，热胀冷缩导致的温度应力会使得黏滑现象不断出现，这对于桥梁结构尤为明显。图2-27展示了安装有摩擦摆支座的桥梁结构在温度变化情况下导致的支座变形。白天升温时，桥体沿长度膨胀，支座随之发生微小变形，但没有滑动，当支座内的水平力达到静摩擦力时，摩擦摆发生突然运动然后停下，达到

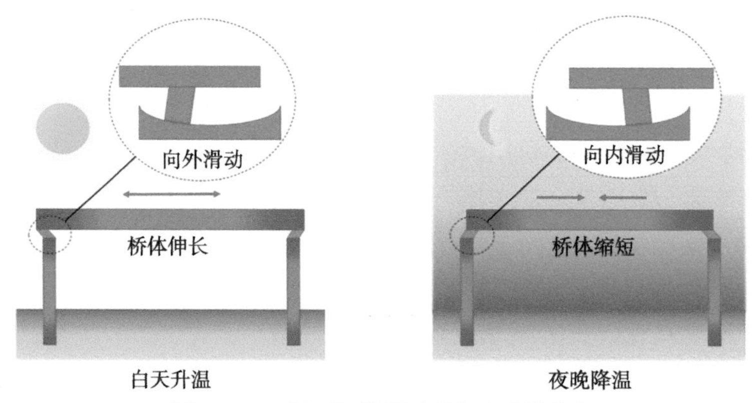

图2-27　日夜温差对桥梁摩擦摆支座的影响

新的平衡位置。晚上降温时，桥体沿长度收缩，支座同样经历滑动后回到原来的平衡位置。在黏滑现象发生时，支座会因为滑动发出声音，所以带有摩擦摆支座的桥梁如果经常发出声音，可以排查是否由支座滑移导致的。

2.4 一栋典型的隔震房屋长什么样

前面我们介绍了两种常用的隔震支座，具有较好的水平隔震性能。要把隔震支座应用到建筑物中还需要准确的计算设计、正确的施工构造措施和后期维护等，才能保证隔震支座起到保护建筑的效果。本节将着重介绍典型的隔震房屋和桥梁的隔震构造，学习如何正确使用隔震支座。一栋好的隔震建筑需要逐项检查各类构造是否满足要求。

2.4.1 低矮建筑更适合采用基底隔震

首先要知道，并不是所有建筑都适合采用隔震，或者说是基底隔震技术。隔震技术的适用性较强，低矮建筑、高层建筑和大跨建筑，都可以采用隔震技术。但是，一般来说，高宽比小的建筑更适合采用隔震（图2-28）。按照我国规范的建议，隔震建筑的高宽比宜小于4.0，当高宽比大于4.0时隔震要进行专门的讨论和研究。当建筑物的高宽比大的时候，风荷载的作用也会比较明显，通常会采用消能减震技术。所以一些比较知名的摩天大楼一般都是安装了

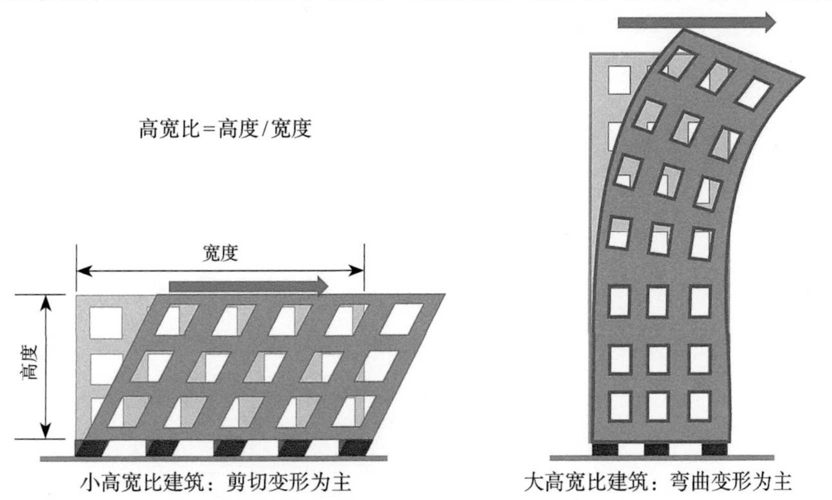

图2-28　对于低矮建筑，地震作用下以剪切变形为主；对于高层建筑，地震作用下以弯曲变形为主

阻尼器等消能减震装置，较少采用隔震支座。当然，现在有一种在楼层中间设置隔震支座的层间隔震技术也可以用在大高宽比的建筑上，但大多处于研究阶段，比较广泛应用的层间隔震技术是在地铁上盖与上部结构之间设置隔震支座。

从建筑物所在场地看，前面章节中也讲到，隔震技术通常适用于硬土场地（图1-11）。因为软土场地的地震波低频成分丰富，而隔震是隔离高频成分，软土场地放大低频成分反而会增加隔震建筑的响应。从具体的要求来看，以我国规范划定的I_0、I_1、Ⅱ和Ⅲ类场地都适宜采用隔震技术，而Ⅳ类场地建筑则不一定适合采用隔震技术。

从建筑物本身功能看，医院、学校、电站和应急指挥中心等重要建筑都推荐采用隔震技术。2021年9月1日起，《建设工程抗震管理条例》在国内生效，其中第十六条规定“位于高烈度设防地区、地震重点监视防御区的新建学校、幼儿园、医院、养老机构、应急指挥中心、应急避难场所、广播电视等公共建筑应当按照国家有关规定采用隔震减震等技术，保证发生本区域设防地震时满足正常使用要求。”隔震技术在保护建筑功能性上有突出优势，特别适合在一些重要建筑中使用。

2.4.2 在受力大的地方设置隔震层

我们知道，隔震支座一般是布置在建筑物的底部，实现基底隔震的效果，但是隔震支座具体位置，还需要根据建筑物的情况来确定。

图2-29展示了框架结构（带地下室）布置隔震支座的位置。框架结构通常是把隔震支座布置在基础立柱的上方、接近室外地坪的位置。支座安装在地下室上（图2-30）。隔震支座可以安装在室外地坪以下，这样对上部建筑功能性

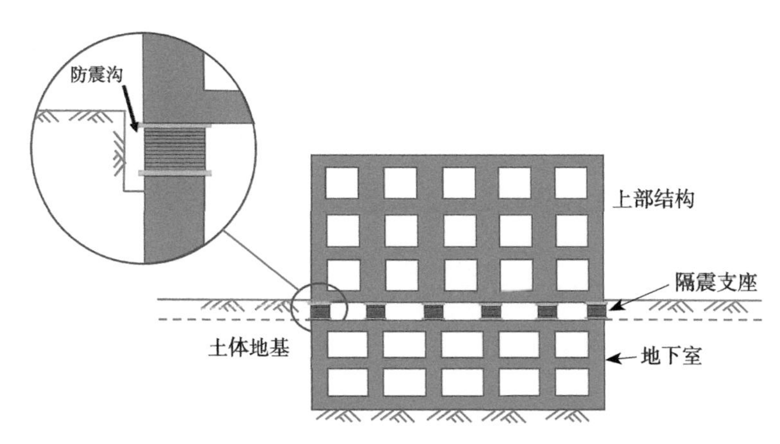

图2-29　框架结构（带地下室）隔震支座位置

影响较小。但是此时一定要留出防震缝，使得上部结构与土体之间有一定的缝隙（图2-31），否则在地震下上部结构不能水平运动，隔震支座就会失去效果。另一种解决办法则是把隔震支座设在高于地面的地方（以图2-29中虚线为室外地坪）。此外，需要注意在隔震支座外设置保护层，减少雨水侵蚀和其他污染物进入。

图2-30　建筑底部的隔震支座

（摄影：Miyuki Meinaka，获得CC BY-SA4.0授权）

图2-31　日本的隔震沟警示牌，显示建筑在地震下最大变形可达60cm

（摄影：keyaki，获得CC BY-SA2.0授权）

隔震支座的布置不拘泥于在底层，其适合布置在受力较大的地方。部分情况下，框架结构的首层会做成架空层，使首层有较大的开间和层高，但这样首层的刚度和强度都比较小，形成了薄弱层，汶川地震中许多这种架空层建筑物发生了倒塌。所有柱子中，首层架空层的柱子受剪力最大，针对这种情况，可以在架空层顶部设置隔震支座（图2-32）。

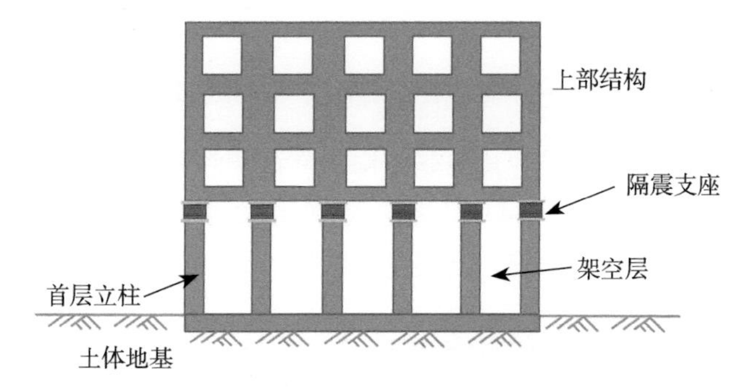

图2-32　首层架空时可以将隔震支座布置在首层立柱上方

进一步，对于高宽比较大的建筑物，还可以采用层间隔震技术。将隔震支座放置在立柱之间，让上部建筑的高宽比满足要求。这种层间隔震已经在一些实际建筑中得到了应用，将会在下一章介绍。

2.4.3 不要让错误的管线连接毁掉隔震

隔震层的构造原则是上部结构与下部结构、周边要在结构上完全脱离开，只能由隔震层的隔震支座来传递水平方向的力，不能出现任何阻挡上部结构在地震时水平摆动的构造措施。在前面介绍的隔震沟就是确保上部结构与周边断开的措施。与此同时，隔震层基本设置在建筑物的下部，电线、上下水管、消防管、热水管、燃气管、避雷线等大量管线需要穿越隔震层时，这些管道都需要采用柔性连接，并预留足够的长度，否则当地震来袭时，这些管道会首先发生破坏，影响结构使用功能，诱发次生灾害，隔震层也难以发挥作用。但是实际中的部分隔震建筑在施工中往往容易忽略柔性管线的问题，所以一定要检查隔震层的管道是否是柔性接头，线路长度是否足够。

图2-33展示了进入建筑物内的水管和电缆的柔性连接。其中水管通常用柔性管段（如橡胶管、波纹管等）实现柔性连接，电缆可以采用有一定冗余度的弯曲段实现柔性连接。在2011年新西兰基督城地震中，城内唯一的隔震建筑女性医院的隔震层电缆连接因为冗余度不足而出现故障。

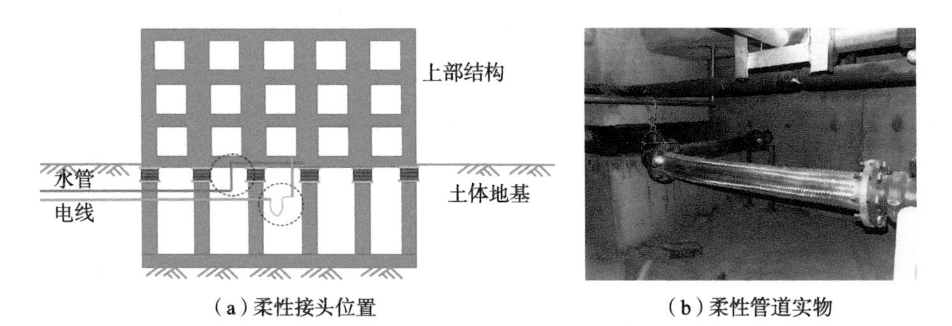

（a）柔性接头位置　　（b）柔性管道实物

图2-33　穿越隔震层的管线应该用柔性连接

除了管线，穿越隔震层的其他非结构构件都要注意柔性连接的问题，包括室外楼梯、电梯井等。图2-34中，室外楼梯需采用柔性填充材料与主体结构连接，填充材料可以选择橡胶、低强度砂浆等。

2.4.4 隔震支座与阻尼器配合使用

阻尼是影响隔震支座性能的重要因素，隔震层需要具备足够的阻尼才能减小隔震层变形，进一步降低上部结构的地震作用。通常可以采用铅芯橡胶支座来提高阻尼，但是有时候仅使用铅芯橡胶支座并不足以提供足够的阻尼，此时可以采用在隔震层额外设置阻尼器的方式来提高阻尼力。

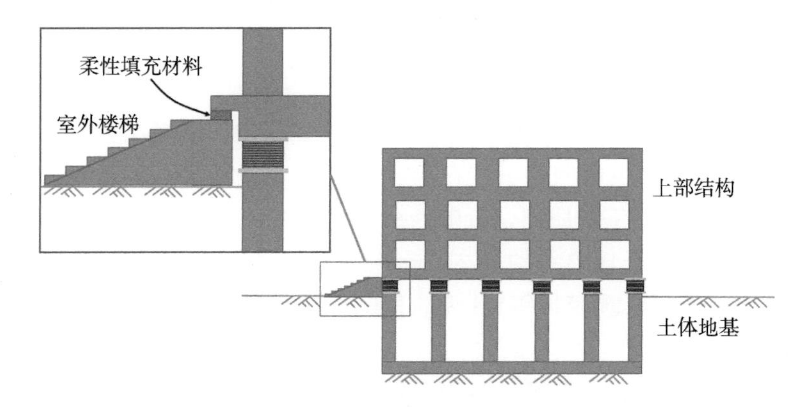

图2-34　室外楼梯的柔性连接做法

隔震层中最常见的是黏滞液压阻尼器，这是一种速度型阻尼器，阻尼力与阻尼器两端的相对速度成正比（线性情况下）（图2-35）。这样可以有效提高隔震层的阻尼，且黏滞液压阻尼器尺寸和额定阻尼力较大，比较适合在建筑物上使用。

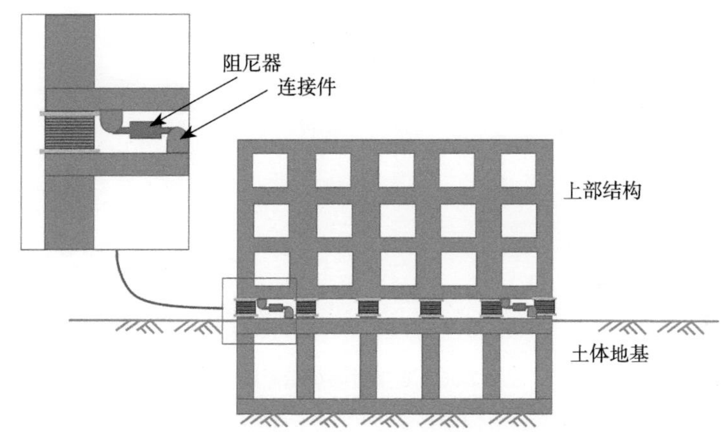

图2-35　典型的隔震层阻尼器（黏滞液压阻尼器）安装方式

此外，也可以采用其他阻尼器设置在隔震层中，例如U形钢阻尼器、软钢阻尼器等。

2.4.5 在桥梁中使用隔震支座

以上内容讲的都是建筑物的隔震支座设置，桥梁中也常使用隔震支座。我国在2000年前后开始将隔震技术用于桥梁，先后在南疆铁路布谷孜桥和石黄高速公路的石津渠中桥率先应用。

桥梁的隔震支座设置与建筑没有本质区别，图2-36展示了典型高架桥的隔震支座设置，隔震支座通常设置在桥墩顶部，将桥体本身单独进行隔震。但桥梁为长条形结构，在构造设置上与建筑有一些区别，其中比较重要的是挡板（或者叫剪力键）的设置。通常，为了限制主梁在使用期间发生过大的位移，通常在桥墩（台）处设侧向挡板。在隔震桥梁中，需要进行纵向和横向隔震，挡板与桥体要预留足够的距离，否则挡板与桥体接触，将使得隔震支座无法发挥作用。例如修建于1993年的日本Yama-age桥，采用高阻尼橡胶支座，但只沿纵向进行隔震。根据1994年8.1级的Hokkaido-toho-oki地震实测数据，该桥的桥体纵向加速度仅为桥墩顶部的1/3，但横向加速度却放大了30%。另一个例子是美国Sierra Point立交桥，这是美国第一座采用隔震支座的桥梁，采用了铅芯橡胶支座，但由于挡板与桥体之间没有设置足够的缝隙，在1989年Loma Prieta地震中反而增大了响应。我国台湾的Bai-Ho桥也有类似经历，虽然安装了隔震支座，但横向挡板会限制桥体位移。这导致在1999年6.3级的Gia-I地震中该桥纵向加速度略高于地面，横向加速度达到地面的2.5倍。所以，错误地使用隔震技术，反而会加重结构的地震破坏。

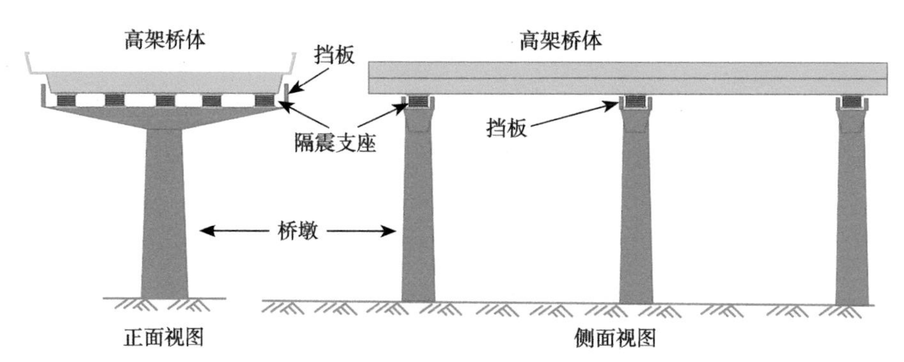

图2-36　高架桥隔震示意图

第3章

百炼成金，隔震技术有哪些应用

前面章节讲解了现代隔震技术中的隔震支座和隔震层的设置原理，本章将重点介绍一些知名的隔震建筑和桥梁等，通过实例介绍隔震技术的用途和效果。

3.1 隔震技术保护民用房屋安全

3.1.1 隔震民用建筑：让人民住上安全的房子

1.中国第一栋隔震建筑：汕头凌海路住宅楼

汕头靠近我国台湾海峡，是广东省内地震烈度最高的地方，1918年的南澳大地震（7.2级）就发生在汕头境内。这栋住宅楼为8层建筑（图3-1），在1993年建成，是我国第一栋隔震建筑，也是世界上第一栋隔震住宅楼（此前的隔震技术通常用于公共建筑中）。1994年5月，联合国工业发展组织在汕头主持召开了隔震房屋国际学术会议，有18个国家的120多名专家参加会议，专家们把这座隔震住宅楼誉为“世界建筑隔震技术发展的第三个里程碑”。

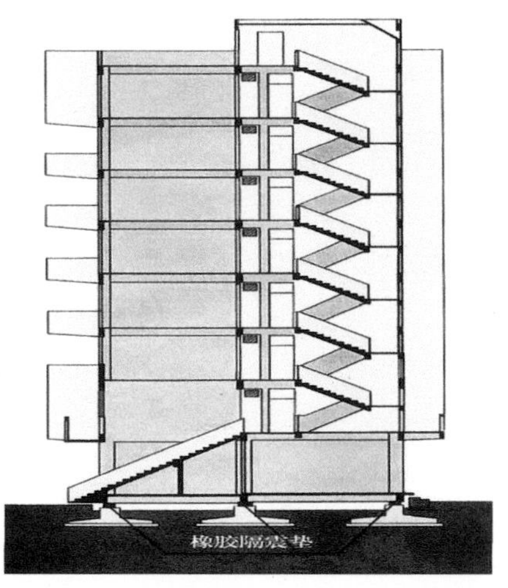

图3-1　我国第一栋隔震建筑，世界第一栋隔震住宅，汕头凌海路住宅楼（1993年建成）

全楼共采用23个隔震支座，直径在60～80cm（图3-2），布置在住宅楼立柱的底部（图3-1）。根据设计，使用隔震支座后，地震反应降低至原结构的1/8～1/4。在建造这栋隔震楼时，旁边还建造了没有采用隔震技术的抗震房屋，当年两幢楼的施工结算显示，隔震楼土建造价为667.13元/m²，传统抗震房屋造价为776.76元/m²。也即说明隔震楼反而比传统抗震房屋造价便宜7%。另一个细节是，这栋隔震住宅楼外的楼梯与地面有一定的缝隙，这使得上部建筑与地面是脱离的，与第2章里的要求一致。

图3-2　汕头凌海路住宅楼使用的隔震支座

1994年9月和2006年12月，台湾海峡就发生过两次地震，汕头市区震感明显，隔震楼没有任何损坏，只是轻微摆动，居住者几乎没有感觉；而不隔震房屋晃动激烈，有的灯泡掉了，居住者仓皇奔出房屋。

2.把房子建在地铁站上：北京通惠家园小区

北京的通惠家园小区在1998年开始建设，建筑隔震建筑面积48万m²，是当年世界面积最大的层间隔震建筑群。

整个小区共有17栋9层的住宅楼，建设在距地面高11.6m的地铁车辆段大平台上，下面跑地铁，上面住人（图3-3、图3-4）。这个大平台长1300m，宽250m，难以采用基底隔震的方案。所以选择隔震支座安装在大平台上，小区内的住宅楼则分别建造在隔震支座上，这种构造被称为层间隔震。此时，在大平台和住宅楼之间设置了柔性管线。

图3-3　北京通惠家园：上部为住宅楼，下部为地铁车辆段

地铁上盖的建筑物会受到地铁运行的振动影响，这种小幅高频振动与地震下的振动有很大差别。为此，这个隔震建筑采用三维隔震（振）支座（图3-5），由水平橡胶支座和竖向橡胶垫组成，水平隔震支座采用普通橡胶隔震支座，竖向隔震支座采用多层橡胶体或其他竖向刚度小的弹性元件，以实现竖向隔震的作用，该

图3-4　通惠家园实景图

图3-5　三维隔震（振）支座照片，隔震层内有许多管道穿过

支座可实现支座竖向变形和水平变形互不影响，满足结构竖向隔震的同时，在地震作用下，可保证支座和上部结构的稳定性，确保水平隔震的减震效果。

由于地铁功能的要求，这种地铁上盖建筑下部车辆段处缺少柱子，这就导致上部建筑的建造受到比较大的影响。因为北京的地震设防要求比较高，按照原来的设计，通惠家园只能建造6层，采用隔震支座后，经过振动台试验的验证，可以建造到9层，建筑面积增加10万m^2，净增产值达2.4亿元。

3.大型居民社区也能隔震：云南普洱人家小区

普洱人家小区位于云南省普洱市北市区行政中心附近，占地约360亩，总建筑面积达到46万m^2，于2010年建成，是当时全国最具规模的隔震住宅小区。

普洱人家小区设防烈度为8度。由于小区面积较大，分为别墅区、多层住宅（7层）、小高层区（12层）和高层（18层），其中别墅区不采用隔震，其余部分共43栋住宅楼都进行整体隔震，最高的隔震住宅楼达到了18层。整个小区采用了大底盘多塔楼的隔震设计，隔震层设置在基础承台或地下室顶部与一层楼面之间（图3-6）。

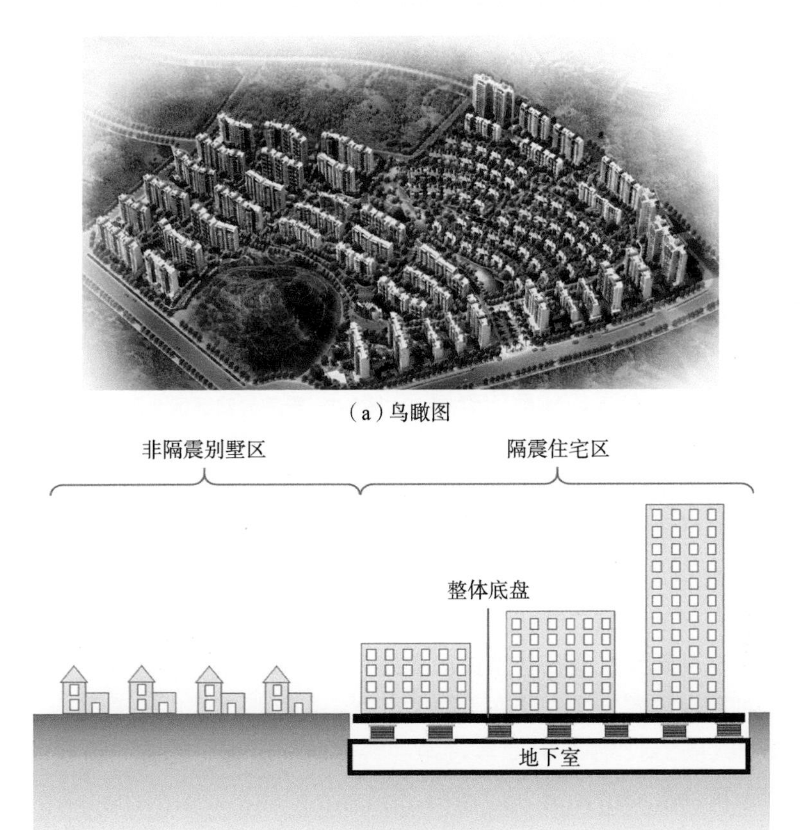

（a）鸟瞰图

（b）隔震层设置示意图

图3-6　云南普洱人家小区

4. 让脆弱的砖混结构也能抵御地震：甘肃武都区北山邮政职工住宅

砌体结构房屋由于造价低，在我国应用广泛。由于砌体结构房屋用砖承重，且通常没有设置钢筋，与钢筋混凝土结构相比，砌体结构房屋承载力较差，且许多砌体和砖混房屋已经年代久远，在地震中非常容易发生破坏甚至倒塌。

2008年5月12日，发生在四川汶川的大地震波及甘肃省的陇南、天水、甘南等地、州、市，对上述地区的建筑工程造成了较大损害。5·12地震时，陇南的武都区PGA为0.17g，武都区许多同类型的非隔震建筑墙体多处出现裂纹，五层砖混结构住宅大多都有不同程度的损坏，内部家具、电器、厨具等翻倒情况严重，村镇的房屋甚至有倒塌现象。

武都区北山邮政职工住宅（6层砖混结构，平面呈品字形）采用隔震设计，是甘肃最早的隔震建筑。这栋隔震房屋与非隔震结构震害有很强烈的反差，其在地震中隔震性能表现良好，通过对该隔震房屋进行现场观察，隔震房屋上部主体结构没有任何损坏，墙体上无地震引发的裂缝，显示出了隔震建筑的优越性能（图3-7）。

图3-7　震后的武都区北山邮政职工住宅隔震建筑：里外均无损伤

5.低成本的居民楼隔震：映秀镇安置房

叠层橡胶隔震支座能有效实现隔震，因此广泛应用于民用建筑中，但是对于村镇的低矮住宅，由于其建造成本比较低，相对而言，标准的叠层橡胶隔震支座的造价较高。为此，在汶川地震灾后重建的映秀镇安置房工程中，通过用纤维塑料板替换叠层钢板的方式降低隔震支座的成本，这种支座工艺简单、造价低廉，重量较轻，可以用人工搬运。

经过一系列的试验，确认了这种新型简易隔震支座的力学性能，通过模型试验检验了这种新型支座在村镇住房上的可行性和有效性。在现场施工时，只需要将这种简易隔震支座安装在下圈梁上，上部结构建造在上圈梁上，即可实现隔震效果（图3-8、图3-9）。经过振动台试验的验证，这种简易橡胶支座可以达到较好的隔震效果。

图3-8　简易隔震支座施工现场

图3-9　带有简易隔震支座的汶川映秀镇村镇住房

6.高层建筑也能用上隔震：唐山新华文化广场

隔震技术通常用于高度不大的建筑，高层建筑在使用隔震支座时，存在支座受压大和承受拉力的情况。因此，在高层建筑中使用隔震支座，需要进行特别设计，且支座需要具有一定的抗拉能力。

新华文化广场位于唐山市中心，由于唐山在1976年发生过大地震，当地对于建筑物的抗震十分重视。新华文化广场由六层商业裙楼、三栋50～100m住宅和一栋120m高层公寓组成，地下有4层，地上建筑面积17万m^2，目前仍在建设中。新华文化广场是国内高度最高的隔震建筑，已成为全国隔震建筑观摩点。

建筑的隔震层位于地面以下1.7m处，处于地下一层与首层之间，层高5.4m（图3-10）。隔震层共采用388个铅芯橡胶支座和68个黏滞阻尼器，根据计算分析，可达到9度设防烈度的要求。

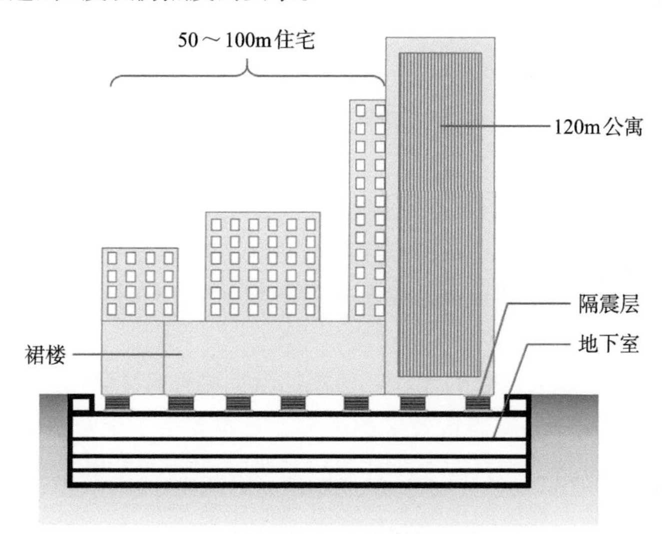

图3-10 新华文化广场隔震示意图

7.引领日本隔震热潮：日本西部邮政大厦

1995年日本西部发生了震级高达7.3级的阪神地震，由于震源距离大都市神户很近，此次地震造成了巨大的人员伤亡，高达25万栋房屋损坏，但受灾严重的地区正好有两栋隔震建筑幸免于难，其中一座就是日本西部邮政大楼。

日本西部邮政大楼位于神户市三田，是一栋6层隔震建筑，建筑面积4.6万m^2，是当时全世界最大的隔震建筑。这栋大楼的隔震层由多种隔震支座组成，包括54个直径1.2m的铅芯橡胶支座、46个直径1m的高阻尼橡胶支座和20个直径0.8m的弹性滑板支座，隔震层中还安装了铅合金阻尼器和弹簧，用于增加隔震层阻尼。

根据地震发生时的实测结果，地面地震加速度峰值达到0.3g，而房屋内部的加速度峰值仅为0.1g。不仅自身结构保持完好，内部装饰、设备和仪器都没有损伤（图3-11）。震区另一栋知名的隔震建筑是Matsumura-Gumi研究中心，地面输入加速度为0.28g，房屋屋顶加速度也达到了0.2g，但这栋楼相邻的未隔震办公楼的屋顶加速度达到了0.98g，足见隔震支座的效果。

截至1994年，日本总共只有80余栋隔震建筑。1995年阪神地震中这两栋隔震建筑的突出表现让日本民众看到了隔震建筑的优势，震后日本的隔震建筑

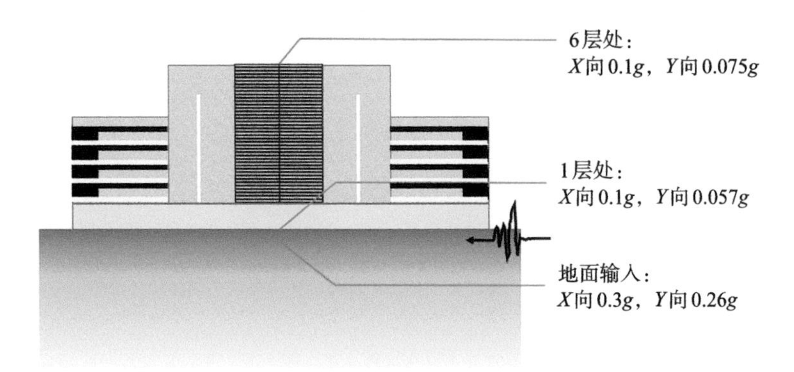

图3-11　日本西部邮政大厦隔震效果

快速发展，根据政府资料，到1997年隔震建筑已达到393栋，其中228栋是居民楼，84栋是办公楼，其余为医院和政府建筑。到2004年隔震建筑数量已达到700栋，其中大部分是多高层居民楼。

8.经受了东日本大地震的考验：日本仙台宫城野区9层办公楼

受到神户地震中隔震建筑效果的影响，日本建造了大量的隔震建筑，经受了多次地震的考验。2011年3月11日，日本东北地区发生9.0级大地震，是日本有记录以来最大规模的地震。宫城县栗原市测得震度7级以上（即PGA为0.4g以上），36个市町村震度达6级（PGA为0.25g以上），且引发了3～10m的海啸，造成大量人员伤亡及房屋损毁。仙台市位于日本东北部，距离震中约180公里，在3·11地震中受灾较为明显。

在3·11地震中，仙台的多栋隔震建筑都屹立不倒，部分建筑仅在局部有轻微损坏。仙台市宫城野区的一栋普通隔震办公楼，为钢筋混凝土结构，地面9层，地下2层，起初于1982年建造，后于2009年将地下1层改为隔震层。建筑整体长54m，宽26.4m，共使用44个高阻尼橡胶支座。隔震层的预设最大变形为50cm，并以此设计了隔震沟。3·11地震期间，观测到的地震动加速度峰值输入达到409Gal，但建筑物地下2层（隔震层下部）测得加速度为289Gal，地下1层（隔震层上部）为120Gal，建筑物9层处为140Gal，显示出了显著的隔震效果（图3-12）。

地震期间建筑物整体保持完好，且室内家具设备等均无倾覆情况出现。但隔震层变形过大，且地面发生了10cm沉降，隔震沟和防火板处由于变形能力不足产生了局部破坏。

9.过了30年的隔震支座还有效吗：日本奥村组技术研究所管理楼

在长期受压的情况下，橡胶材料的老化可能对隔震性能造成影响。在实验室里，科学家们通过加速老化试验来评估橡胶支座的老化程度和影响，但实际

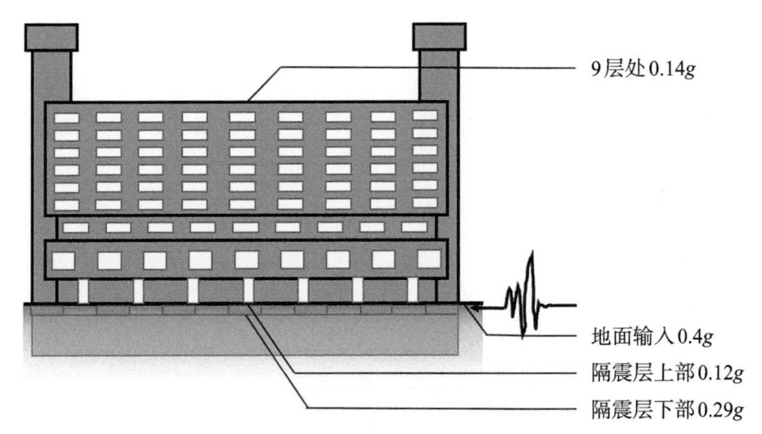

图3-12　日本仙台宫城野区办公楼

中支座的老化与实验室里可能还存在差异。由于隔震技术是在近几十年才开始广泛应用，橡胶支座老化的影响还不明显。

为此，日本的奥村组公司就对一栋1986年建成的隔震建筑进行试验，检验服役30年后的橡胶支座的力学性能到底如何。奥村组技术研究所管理楼是一栋15m高的4层钢筋混凝土建筑，隔震层采用了25个橡胶隔震支座和12个软钢阻尼器（图3-13）。

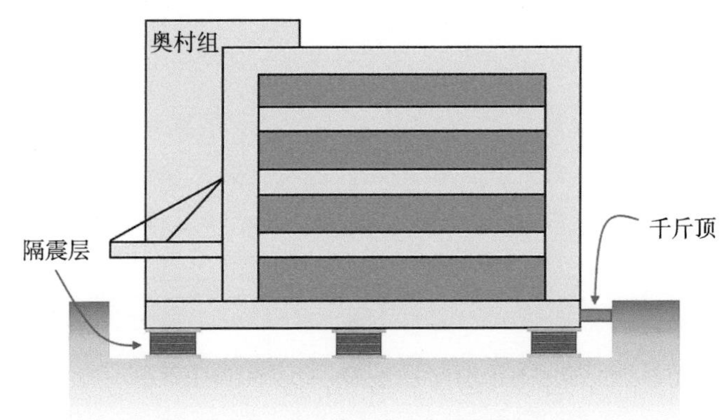

图3-13　日本奥村组技术研究所管理楼

在30年的使用过程中，这栋建筑经受了多次地震的考验，可以看到软钢阻尼器表面已经有油漆脱落，显示隔震层曾经发生过较大的变形。在建筑物竣工后、竣工后19年和30年，分别对建筑物进行了人工侧推试验，用水平放置的千斤顶将建筑物顶出10cm，突然卸载后，测量建筑物的振动周期。在使用19年后，隔震层的刚度升高了约9%；使用30年后，其刚度与使用19年时基本一致。2011年东日本地震时，这栋建筑已经竣工25年，当时测得地表加速度为0.27g，室内加速度仅为0.148g，隔震效果仍然十分明显。

10.用隔震保护高科技设施：美国苹果公司新总部大楼Apple Park

美国苹果公司新总部大楼Apple Park位于加州库比提诺，占地70.8万m^2，建筑地上部分仅有4层，建筑面积为26万m^2。整个大楼采用环形设计，直径达到1.6公里，中部是一个巨型公园庭院。Apple Park内有大量高科技设施，且采用了大量重型玻璃幕墙设计，保护这些设施成为一个难题，为此，Apple Park采用了隔震技术（图3-14）。

图3-14 加州苹果公司总部Apple Park，采用隔震设计

（摄影：Daniel L. Lu，获得CC BY-SA4.0授权）

环形大楼外形十分扁平且规模巨大，类似于桥梁结构，适合采用摩擦摆支座。整个环形大楼由692个多重摩擦摆支座支撑，单个摩擦摆直径达到2m，重达6.8t，滑动距离可以达到1.2m，根据计算，可以隔离80%的地震作用。建成后，苹果公司新总部大楼成为美国175栋隔震建筑之一，并且是硅谷为数不多的采用隔震技术的科技公司总部大楼。在硅谷，部分公司总部大楼由于建造时间较早，没有采用隔震技术，仅能通过消能装置提高建筑的抗震性能。

3.1.2 隔震医院：让医院成为震后救灾的中流砥柱

1.网红“楼坚强”：芦山县人民医院

2013年4月20日，我国四川省芦山县发生7.0级地震，造成房屋倒塌2.4万余户、7.24万余间。而其中，芦山县人民医院综合楼作为隔震建筑，仅发生了轻微的裂缝，被网友称为“楼坚强”，登上了央视新闻。

芦山县人民医院实际有3栋建筑：门诊楼、住院楼、综合大楼。其中综合大楼是2008年汶川地震后新建的，采用隔震技术，而门诊楼和住院楼在2008

年之前修建，为普通抗震建筑，三栋楼都是在2008年之后才投入使用。这栋7层的综合楼安装了83个隔震支座，在芦山地震中这三栋建筑物都没有发生倒塌，但是隔震支座很明显地保护了楼内的设备（图3-15），住院楼采用普通抗震技术，在地震中出现了吊顶脱落、墙体多处出现裂缝的现象，这使得住院楼在震后停止使用。而综合大楼采用隔震技术，内部基本没有破坏，被网友称赞“经过7级的大地震，看到芦山县人民医院纹丝不动，连玻璃都没碎”。从装在几个建筑物（隔震和抗震）中的仪器得到地震反应记录，隔震楼的地震反应只有相邻的抗震房屋地震反应的1/8 ～ 1/6。根据现场勘查，除了少许墙面乳胶漆层脱落，建筑内部梁柱和墙构件竟没有出现任何裂纹，使得芦山医院成为震后抢救伤员的主要医院之一，并成为芦山地震卫生应急指挥部。

图3-15　芦山地震中的芦山县人民医院住院楼（抗震）和综合楼（隔震）

隔震医院在多次地震中都表现出了优越性，在智利2010年地震（8.8级）中，首都圣地亚哥的3栋隔震医院都没有受到破坏，其地面加速度峰值最高达到了0.47g。而与之相邻的2栋非隔震医院则遭受了非结构构件的破坏。

2.隔震作用的典型案例：美国南加州大学医院

南加州大学医院坐落于美国洛杉矶，建成于1990年，是美国第一栋采用隔震技术的医院建筑（图3-16）。该建筑地上7层，高度36m，建筑面积约3万m^2。整个建筑采用了68个铅芯橡胶支座和81个天然橡胶支座，支座直径0.6m（图3-17）。1994年北岭地震（6.8级）时，该医院距离震中仅36公里，但这栋医院完好无损，医院内设备也保持正常，在后续的抗震救灾中发挥了重要作用。根据现场监测，地震的时候地面的加速度峰值达到了0.49g，而屋顶的实测加速度只有0.21g，仅为地面加速度的一半，而抗震建筑的屋顶加速度一般要达到地面加速度的3倍。根据后续的分析，这次地震的主要振动成分频率在2.5Hz以上，而隔震后的医院固有频率仅为0.5Hz，所以隔震效果十分明显。

与之形成对比的是震区的7家医院，都受到了不同程度的损伤，且由于屋

图3-16 美国洛杉矶南加州大学医院（隔震）和橄榄景医院（抗震）

（摄影：Patrick Davison和Titototi，1948，获得CC BY-SA3.0授权）

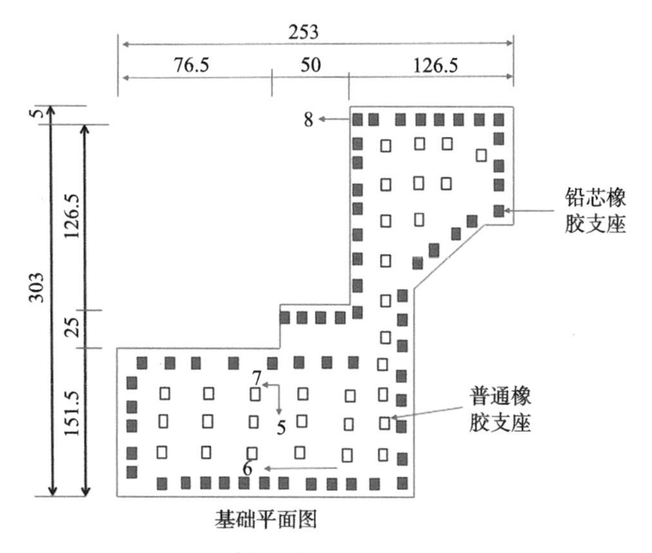

图3-17 南加州大学医院隔震支座布置

面加速度比较大，房间内的设备倾倒，医院在震后要经过修复才能重新投入使用。例如橄榄景医院（图3-16），实测得到地面加速度峰值为$0.82g$，而屋顶加速度达到$2.31g$，意味着屋顶物体最大受到2倍以上的重力。地震过程中出现了剪力墙产生裂缝、医疗器械翻倒、水管破裂导致浸水等现象，严重影响后续使用。

3.在地震后继续发挥作用：日本石卷红十字医院

日本建造了许多隔震医院，包括北海道钏路市星浦医院（日本第一座隔震医院）、爱媛县中央医院和高知县高须医院等。医院在震后救灾中有重要作用，这一点在多次地震中都有体现。东日本大地震（9级）中的红石卷医院再次证明了这一点。东日本大地震中，宫城县的石卷市属于重灾区，高达三千多人死亡。石卷红十字医院是一栋地上7层地下1层的隔震建筑，于2006年建成，高度26m（图3-18）。该医院所在场地条件较差，存在液化风险，场地卓越周期达到1.4s，因此采用了天然叠层橡胶隔震支座和弹性滑板支座，并结合使用了U形钢阻尼器（图3-19）。在初始状态下，建筑物的固有周期为1.45s，在罕遇地震下延长至3.73s，在不带有U形钢阻尼器时达到5.39s。

图3-18　石卷红十字医院

（摄影：Fuji-s，获得CC BY-SA3.0授权）

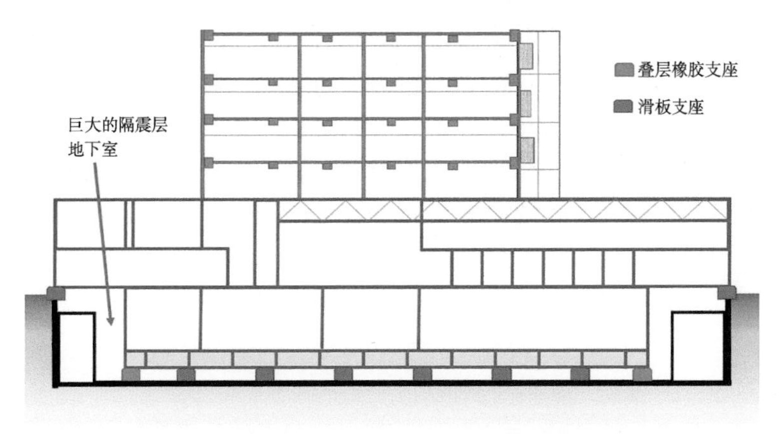

图3-19　石卷红十字医院有巨大的地下室用来设置隔震层，便于后期维护

在东日本大地震中，该建筑的隔震层最大变形达到了26cm（设计时在罕遇地震下的位移是49cm，实际变形为罕遇地震下的一半），隔震层的U形钢阻尼器发生了外漆剥落现象。由于罕遇地震下6层及以上的加速度峰值约为0.3g，所以推定实际地震中6层以上房间的加速度峰值达到了0.15g。在实际的加速度作用下，房间内重要设备没有发生倾倒，也没有人员受伤，但发生了放置在桌面的书本和电脑跌落等情况。在震后，这里迅速成为救灾中心，在地震中发挥了重要作用。

4.集集地震之后的改变：花莲慈济医院

在1999年集集大地震（台湾地区称之为921地震）之前，台湾岛内是没有建造隔震建筑的，但在集集地震中，岛内人员伤亡和房屋倒塌情况十分严重。尤其是在医院里，不仅医疗设备无法使用，天花板和瓷砖脱落反而导致了更多的伤害。受到旧金山地震中美国箭头医院隔震技术的启发，台湾地区开始采用隔震技术建造医院。台湾第一栋建成的隔震建筑是2005年建成的花莲慈济医院急重症大楼——合心楼，目的是打造可以在地震时进行手术的医院。台北慈济医院也采用隔震技术，但是因体量较大较晚完工。此后台湾陆续建设了许多隔震医院，还有许多隔震住宅楼，一些知名住宅楼盘还用隔震作为卖点。

花莲慈济医院为地上11层、地下1层的钢筋/型钢混凝土建筑，地面高度约47m，采用基础隔震（隔震层位于地下一层的底部）（图3-20）。花莲慈济医院尺寸较小，共安装了88个隔震支座，包括74个直径0.8～1.2m的天然叠层橡胶支座和14个弹性滑板支座。相比之下，体积更大的台北和台中慈济医院还采用了U形钢阻尼器和黏滞液压阻尼器。花莲慈济医院建成后，接连在2005（5.6级，震度5级）、2009（6.9级，震度5级）、2013（6.4级，震度5级）和2018（6.0级，震度7级）年遭受了地震袭击，台湾地区的震度5级大约为地震烈度7度，震度7级则超过地震烈度9度。在4次地震中，楼层加速度大约为地面加速度峰值的2/3。其中，在2018年地震中，地面加速度达到0.27g，主要楼层的加速度峰值仅为0.18g，隔震层变形达到30cm。震后房屋内设施和结构均没有损坏，仅在隔震沟处有部分路面石材和连接件破坏。

图3-20　台湾花莲慈济医院

（摄影：Cerevisae，获得CC BY-SA4.0授权）

3.1.3 隔震学校：在地震中保护好下一代

1.让悲剧不再重现：汶川第二小学

2008年汶川大地震中，中、小学楼房垮塌严重，造成大量的人员伤亡。

汲取了惨痛教训后，在汶川震后重建中，汶川市第二小学教学楼和宿舍楼都采用了基础隔震技术，一共有5栋（图3-21）。

图3-21　重建的汶川第二小学

汶川第二小学的建筑在基础与上部结构之间设置由隔震支座（包括铅芯橡胶支座和弹性滑板支座）、阻尼器等组成的隔震层。整个学校共采用了隔震支座134个，包括弹性滑板支座46个、叠层橡胶支座88个，使用阻尼器8个，隔震支座专门设置一层，高度2m左右。

此外，为了保证隔震上部建筑与地面之间的脱离，汶川第二小学特别设计了隔震走道板，用于地震中人员的及时撤离。在橡胶隔震支座中加入了“抗老化剂”，橡胶垫的耐老化性能大大提高。加入了阻燃剂、外保护壳等，使得隔震支座的使用寿命达到100年。在隔震层中还使用了弹性滑板支座，这种支座通常要与铅芯橡胶支座联合使用，与摩擦摆支座类似但不具备凹面和自复位能力，但其造价仅为橡胶支座的1/3，大大降低了造价。

在建设时，汶川第一中学采用的是抗震技术，两所学校都布置了地震监测系统，在发生地震的情况下，可以用来对比隔震建筑的效果，方便未来进行推广。

2.惨痛教训后的补救：意大利卡萨卡伦达Francesco Jovine小学

2002年意大利发生莫利塞地震（两次主震，5.9级和5.8级），导致卡萨卡伦达（Casacalenda）的Francesco Jovine小学发生倒塌，造成几乎所有幼童死亡。此后，意大利隔震技术的应用限制被大幅简化，大量建筑开始采用隔震技术，其数量在2009年已超过美国，在2011年大约达到300栋。意大利最早的隔震建筑是1980年Campano-Lucano地震后建造的那不勒斯火灾指挥中心，而卡萨卡伦达Francesco Jovine小学是意大利第一栋隔震学校，在这所学校后又有许多学校陆续采用隔震技术建造。

Francesco Jovine小学共包含两栋建筑，底部通过一块整体性楼板连接，下面为隔震层，采用了61个高阻尼橡胶支座和13个弹性滑板支座（图3-22）。在2009年意大利拉奎拉地震（6.3级）中，该小学距离震中约150公里，保持完好，没有发生破坏。

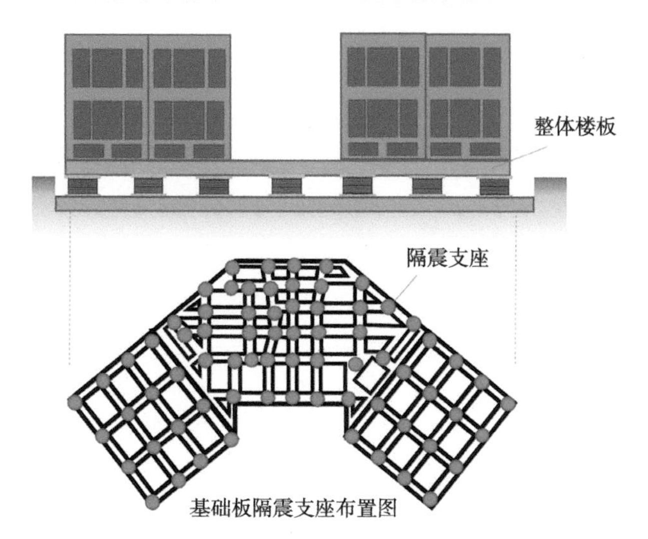

图3-22　新建的Francesco Jovine小学隔震支座布置图

3.1.4 隔震历史文物：保护文化瑰宝

1.用隔震对历史建筑进行加固：美国旧金山市政厅

旧金山地处美国西海岸，地震频发。1906年旧金山大地震中，原旧金山市政厅损毁严重，于1915年重建(图3-23)。在1989年洛马普里塔地震中，虽然建筑整体保持完好，但被鉴定为危房。于是在1998年，旧金山投入2.98亿美元对市政厅进行隔震改造。

隔震改造分为6步：首先开挖地下室，使得基础外露；接着把基础周围土体挖走；然后搭建架子，用架子承受建筑的竖向荷载；依次锯开原有柱子，

图3-23　1915年建成的旧金山市政厅

（摄影：Nickshanks，获得CC BY2.0授权）

把隔震支座塞进柱子位置；最后拆除架子，使得建筑物重量压在隔震支座上。最终，工程师们用430个高阻尼隔震支座支撑起了旧金山市政厅。

2.馆内文物摆件的隔震：故宫博物院文物保护

古代文物是我们宝贵的精神财富，同时在地震面前十分脆弱，在多次地震中历史文物都有较大损失。例如在汶川地震中，四川省就有1839件文物受损，博物馆垮塌、文物损坏现象严重。隔震技术不仅可以保护巨大的建筑免遭地震破坏，也能用于小小的文物保护上。近年来，我国的西安碑林博物馆、故宫博物院、陕西历史博物馆和扬州博物馆纷纷用上了文物隔震支座，在文物下面放置一层设计精巧的机械式隔震层，减小文物上的地震作用，这样文物在地震中就不容易损坏（图3-24）。

图3-24 故宫博物院宁寿宫石鼓馆采用了隔震技术

3.2 隔震技术保护重大基础设施安全

3.2.1 机场隔震：超大跨度结构安全的护航员

1.机场航站楼隔震：昆明长水机场

昆明长水机场是国家门户枢纽机场，总建筑面积达到了54万m^2，是超大型大跨结构，于2012年竣工，是当时世界上最大的单体隔震建筑。机场下部采用钢筋混凝土，屋顶采用钢结构，就像一顶帽子放在了支架上（图3-25）。

图3-25 昆明长水国际机场

（摄影：N509FZ，获得CC BY-SA4.0授权）

长水机场航站楼距离最近的小江断裂带仅12公里，地震危险性较高，且结构复杂。特别注意的是，机场采用超大玻璃幕墙结构，变形能力有限，在强震下容易破裂导致二次伤害。综合考虑，最终决定在航站楼的核心区采用隔震技术。

由于机场功能性的要求，如果在地面位置设置隔震支座，需要将大量的设施改造为柔性连接，如自动扶梯、电梯、幕墙等。因此，长水机场航站楼的隔震支座放置在地下三层底部和基础连接的位置，深埋入地下。共采用了1810个隔震橡胶支座，其中铅芯橡胶支座654个，天然橡胶支座1156个，单个支座重量约为1.9t(图3-26)。此外还采用了108根黏滞阻尼器，最大推力达到160t。

图3-26　隔震支座的安装，1根柱子上安装4个隔震支座

2015年3月9日，昆明市嵩明县发生4.5级地震，震中距昆明长水国际机场约28公里，由于航站楼工程设置了强震观测系统，得到了实际地震动记录。隔震后第3层处的加速度仅为基础处加速度的1/5～1/3，展现了隔震技术的优良效果。

而当时国内企业制造的隔震支座以直径0.5～0.8m为主，此次工程中采用的橡胶支座直径达到1m，是专门定制产品。施工完毕后，由于极少数支座出现了侧向鼓出现象，需要对这些支座进行更换。采用千斤顶替代原支座受力，将支座取出后更换新支座，实现了大直径隔震支座的更换。

机场隔震的案例还有海南美兰国际机场、土耳其安卡拉和伊斯坦布尔机场、美国加州旧金山机场等。

2.世界上面积最大的单体隔震建筑：北京大兴国际机场

北京大兴国际机场面积达到80万m^2，采用了层间隔震技术，是目前世界上面积最大的单体隔震建筑（图3-27）。大兴机场属于国家重大建设项目，结构复杂，下部有高铁和地铁高速穿行通过，因此采用隔震技术。

图3-27　北京大兴机场

（来源：Zaha Hadid，获得CC BY2.0授权）

大兴机场面积巨大，仅中心区的屋顶投影面积就有18万m^2，相当于25个标准足球场的大小。根据传统的设计，中心区的地面需要浇筑完整的一块混凝土板，而上部结构温度变化引起的"热胀冷缩"会使得这块板水平拉伸，但埋在地下的柱子温度比较恒定，这就会留下巨大的安全隐患。采用具有变形能力的隔震支座，将上部结构与地下结构分隔开，就能迅速解决这个问题。

大兴机场有地上5层，地下2层，且列车需要高速穿行，这使得采用基底隔震具有一定的风险。所以，大兴机场采用层间隔震方案，将隔震支座布置在负一层的顶部（图3-28），这样铁路穿行区域仍建造在坚固的地基上。隔震层由铅芯橡胶隔震支座、普通橡胶隔震支座、弹性滑板支座和黏滞液压阻尼器组成。隔震支座共计1118个，速度型阻尼器160个，隔震支座直径主要为

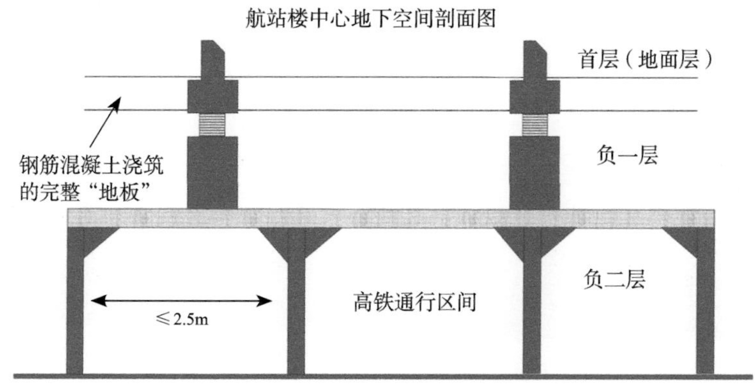

图3-28　大兴机场隔震支座布置

1200mm，最大直径为1500mm；当荷载超过1500mm直径隔震支座限值时，采用承载力更高的弹性滑板支座。无论是体量还是单个支座的吨位都创下国内之最，刷新了此前昆明长水机场保持的纪录。为此，新制作的隔震支座在使用前要经过层层检验，确定合格后才被用于工程中。

大兴机场设置隔震支座的地下1层有轨道站厅层、过厅、商业、办公、预留的APM站台等建筑使用功能，且人流量较大，隔震支座的防火要求较为严格。为此，在隔震支座上设置了4道防火措施，使得其耐火时间达到了3小时，与混凝土柱的耐火时间一致（图3-29）。

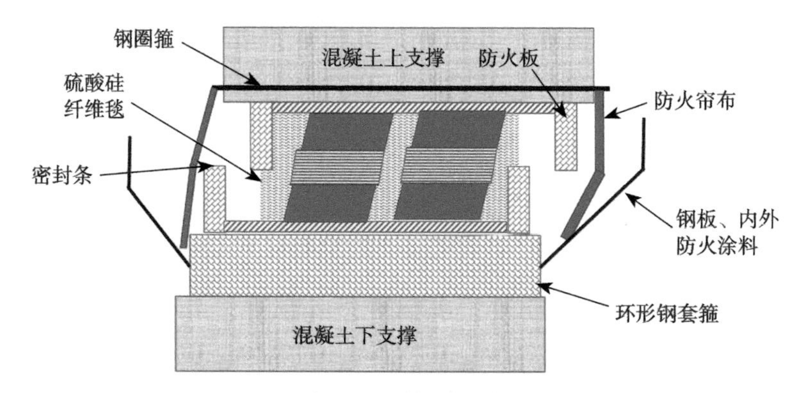

图3-29　大兴机场的隔震支座防火构造

3.经受实际检验的隔震机场：土耳其伊斯坦布尔Sabiha Gökçen国际机场

1999年，土耳其伊兹米特7.4级地震造成了1.7万人死亡、2.7万栋房屋被毁和数十亿美元经济损失。由于专家们预测伊斯坦布尔附近在未来30年内还可能发生大地震，新建的伊斯坦布尔Sabiha Gökçen国际机场采用了隔震技术。

图3-30　伊斯坦布尔Sabiha Gökçen国际机场

（摄影：Gnesener1900，获得CC BY-SA3.0授权）

伊斯坦布尔机场面积达到32万m^2，总高32.5m，于2008年开工建设，2009年建成开放（图3-30）。按照设计，机场足以抵御8级地震袭击。航站楼地上共4层，地下1层，隔震层位于地下室之上，共使用了252个隔震支座。特别之处在于这个航站楼使用了三重摩擦摆支座，而不是建筑物中常用的橡胶隔震支座，这与旧金山机场的隔震方案类似。

2019年，土耳其伊斯坦布尔海域发生5.8级地震，伊斯坦布尔城区震感明显，导致了8人受伤和一些建筑物损坏。根据公开报道，伊斯坦布尔机场航班临时中断，在检查跑道没有问题后继续开放，没有关于房屋发生损坏的消息，土耳其总统还到机场发表演讲安抚群众。

3.2.2 桥梁隔震：地震中生命线安全的守护者

1. 我国第一座隔震铁路桥梁：新疆布谷孜铁路桥

布谷孜铁路桥位于我国新疆南部，建于1999年（图3-31）。隔震支座安装在桥墩和桥面之间，而铁路桥需要保障列车的安全稳定运行，所以桥体要有足够的刚度，不能太软。为此，布谷孜铁路桥采用了铅芯橡胶支座，在没有遇到地震的情况下具有较高的侧向刚度。2003年新疆伽师发生6.2级地震，布谷孜铁路桥距离震中仅50公里，震后桥体没有损坏，保持正常运行。

图3-31　新疆布谷孜隔震铁路桥

2. 世界最长的跨海大桥：港珠澳大桥

港珠澳大桥全长55公里，耗资近1200亿元，是我国施工难度最大的跨海大桥（图3-32），被英国卫报评为“新的世界七大奇迹”。按照要求，港珠澳大桥要抵抗16级台风、8级地震和30t船舶撞击，设计使用寿命达到120年。虽然早已有桥梁采用隔震技术，但在如此规模的跨海大桥上使用隔震技术，当时在国内外还没有先例。海洋环境的腐蚀作用、复杂的海底地质环境和地震的不确定性都是难点。最终，在大桥的桥面和桥墩之间采用了高阻尼隔震支座、铅芯隔震支座及摩擦摆隔震支座，直径达到了1.77m，承载力达3000t，尺寸居世界第一。根据试验结果，隔震支座的减震效果约为1/4倍，大桥的抗震安全性大大提高，相当于可以抵御类似汶川地震级别的地震。

图3-32　港珠澳大桥

（摄影：N509FZ，获得CC BY-SA4.0授权）

3.经历强震考验的隔震桥梁：美国加州Eagle Prairie桥

美国早在1984年就开始使用隔震技术对桥梁进行加固，包括了高架桥、公路桥和铁路桥等。Eagle Prairie桥位于美国加州Eel River河上，始建于1941年，由两跨钢架桥组成，每跨90m长，在1987年加装了隔震支座（图3-33）。

图3-33　加州Eagle Prairie桥

（摄影：Ellin Beltz，获得CC BY-SA3.0授权）

1992年美国北加州Petrolia地震中，该桥距离震中仅22公里。该桥没有设置地震记录装置，但附近的Painter Street立交桥记录的纵向和横向加速度峰值达到了0.55g和0.39g，所以该桥也受到了强烈的地震作用。震后该桥破坏较为轻微，仅有局部节点混凝土脱落，主梁的纵向和横向位移分别为200mm和100mm，震后很快就恢复了功能。与之对比，Eel River河上另一座距离震中49公里的桁架桥则遭受了明显损伤，节点和钢板均有损坏。

4. 正确地使用隔震才有效：美国加州Sierra Point桥

Sierra Point高架桥位于美国加州的圣马刁县，始建于1956年，为10跨简支桥梁，长184m、宽35m。起初该桥的柱子与钢梁之间采用钢支座焊接连接，但由于该桥所在地区的地震设计加速度达到0.4g，距离San Andreas断裂带仅16公里，在1983年该桥采用铅芯橡胶隔震支座进行加固（图3-34），是美国第一座采用隔震支座进行抗震加固的桥梁。

图3-34　美国加州Sierra Point高架桥

该桥是在原桥基础上进行改造加固，在安装了隔震支座后没有留出足够的缝隙，这导致这座桥的隔震效果不如预期的有效。在1989年Loma Prieta地震中，该桥距离震中约100公里。根据现场测量结果，地面加速度峰值沿纵向为0.09g，沿横向为0.05g。但是，隔震层底部纵向加速度峰值达到0.31g，顶部峰值达到0.29g，显示出该桥在隔震层设计上存在不足。由于此次地震波峰值较小，该桥没有遭受结构损坏。

5. 跨越断层的隔震桥梁：土耳其Bolu高架桥

Bolu高架桥属于土耳其伊斯坦布尔-安卡拉高速公路，是土耳其最重要的高架桥之一（图3-35）。桥的立柱高达49m，桥体底部安装了阻尼耗能装置。1999年Duzce地震（7.2级）期间，该高架桥仍处于施工状态，其第45根和第47根支柱之间产生了断层，断层与桥体夹角为20°～30°，地面产生了明显变形，桥墩倾斜了12°。地面测得加速度峰值达到0.87g，两倍于设计地震加速度峰值0.4g。根据现场勘查，桥体平台多处出现裂缝，支座发生破坏，桥段间因为支座变形过大导致碰撞。但是，在阻尼耗能装置的保护下，尽管部分桥体发生了部分破坏，但桥墩没有发生破坏，桥体也没有发生脱落。

此次地震中Bolu桥的部分破坏还是给桥梁隔震提供了教训。一是变形能力，根据实际观测加速度的推算，桥底支座处位移峰值达到了820mm，而滑动

图3-35　Bolu高架桥

（摄影：Aziz Akbiyik，获得CC BY-SA3.0授权）

支座位移极限仅为210mm，阻尼器变形极限为480mm，都不能满足需要。二是刚度偏低，不具备自复位能力。三是由于隔震后刚度偏低，隔震桥梁周期高达7.27s，这也使得位移过大。四是安全储备不足。

地震后，开始采用摩擦摆支座对桥体进行加固，以解决以上几个问题。采用直径0.7m的摩擦摆支座替换原有支座，跨断层桥墩处由于位移比较大，采用直径达到0.9m的摩擦摆支座。

6.低温对隔震支座的影响：日本北海道温根沼桥

温根沼桥位于日本北海道，其桥墩上采用了铅芯橡胶支座（图3-36）。1993年1月，日本发生钏路近海地震（震级7.8级），该桥距离震中约100公里，在地震中没有发生破坏，仅有1个桥墩发生较大位移。温根沼桥所在的北海道

图3-36　日本温根沼（ON-NETOH）桥

（摄影：Yasu，获得CC BY-SA3.0授权）

处于寒冷地带，因此，研究人员假定地震发生时的气温为零下20℃，根据地震测量到的数据进行推算，得到隔震支座在低温下的性能。经过对比，在零下20℃的情况下，隔震桥梁会产生比20℃情况下大1倍的弯矩。因此，低温对于隔震支座有不可忽略的影响。

3.2.3 核电站隔震：地震时做到万无一失的守护神

1.早期隔震技术的先行者：法国Cruas核电站

在工业建筑领域，隔震技术也有很多应用。早在隔震技术刚刚起步的20世纪60年代，法国就把隔震技术用在了安全性要求极高的核电站反应堆上，这就是1978年开始建造的Cruas核电站。

Cruas核电站位于法国西南部，属于内陆核电站，是世界上第一个使用基底隔震技术的核电站（图3-37）。共设有4座900MW总共3600MW的压水反应堆，每个反应堆都安放在1800个氯丁橡胶隔震垫上，每个橡胶垫直径为0.5m。

图3-37　法国Cruas核电站

（摄影：Florian Pépellin，获得CC BY-SA4.0授权）

与Cruas核电站同时期建造的南非Koeberg核电站也采用了类似的隔震技术。与Cruas核电站采用的橡胶垫不同，Koeberg核电站在橡胶垫上下安装了滑动面，发生滑动时，水平向传递的力为摩擦力，这样可以防止传递至上部结构的力过大。但由于两座核电站采用的隔震技术尚未成熟，特别是氯丁橡胶容易发生老化，橡胶变硬，隔震效果减弱。

2.核电站隔震再尝试：国际热核聚变试验反应堆（ITER）

国际热核聚变试验反应堆是目前正在建设的世界上最大的试验性托卡马克核聚变反应堆，位于法国南部，于2013年动工。反应堆厂房是一个110m长、80m宽的方形，高度达到70m。厂房共采用了523个宽度为0.9m的方形叠层钢板橡胶垫，尽管隔震技术在建筑桥梁上已经有较多应用，但ITER是世界上首个采用隔震技术的聚变装置（图3-38）。

图3-38 建设中的国际热核聚变试验反应堆，中部为隔震的托卡马克装置

3.中国核电站隔震初试：防城港核电站应急指挥中心

防城港核电站位于广西防城港，是我国西部地区建设的第一座核电站（图3-39）。其应急指挥中心是我国第一座采用了隔震技术的指挥中心。应急指挥中心高9.3m，隔震层设置在基础顶面，共采用24个铅芯橡胶支座，19个天然橡胶支座，且铅芯橡胶支座布置在建筑物外围。

图3-39 防城港核电站

3.2.4 电力设施隔震：电力命脉的保护者

1.大量使用隔震技术的典型：新西兰350kV Haywards换流站

在输电系统里，变电站和换流站是重点保护对象。地震是输电系统的主要威胁之一，在多次地震里，变电站内的电力设备都发生了严重破坏。新西兰地处环太平洋地震带上，联通新西兰南北岛的特高压输电工程中就采用了隔震技术。

新西兰南北岛特高压直流输电工程电压等级为350kV，送出站Haywards换流站位于首都惠灵顿北部，距离断层仅数百米。换流站的阀厅采用了整体隔震（图3-40～图3-42），阀厅厂房、主控楼和阀厅侧的变压器都位于隔震基础上，隔震层采用了铅芯橡胶支座和弹性滑板支座，变形能力达到0.6m。

图3-40　大量采用了隔震技术的Haywards换流站

（摄影：Karora）

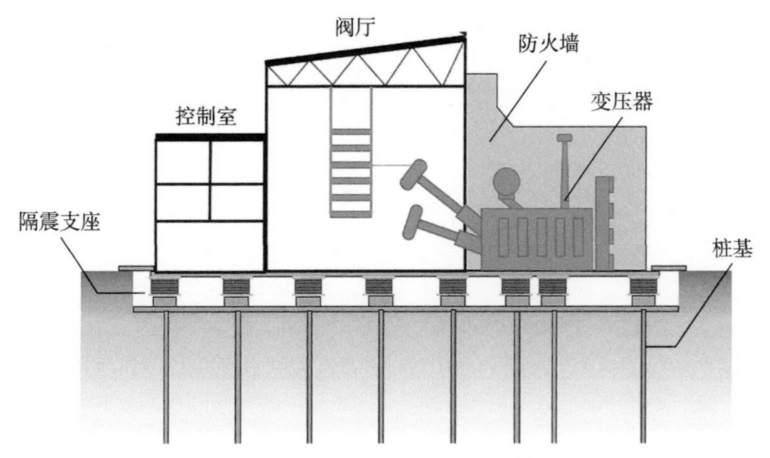

图3-41　采用了整体隔震的阀厅剖面视图

图3-42 Haywards换流站阀厅隔震层

（摄影：Marshelec，获得CC BY-SA3.0授权）

除了阀厅建筑，其他主要设备也采用了隔震技术。换流站内的换流阀采用了悬吊隔震和阻尼斜撑，斜撑式平波电抗器脚部采用了螺旋弹簧和阻尼器，支柱式分压器根部设置了转动弹簧和阻尼装置。

2.高海拔、高地震烈度与高电压要求下的隔震：云南800kV新松换流站

我国的电力资源很多分布在西部地区，很多电站位于青藏高原和云贵高原，断层多、地震风险大。位于云南大理的新松换流站，是滇西北-广东特高压直流工程的输电起点站，兼具高海拔（海拔2400m）、高地震烈度（9度设防）和高电压（800kV）问题，是我国境内一座采用隔震技术的典型特高压换流站，在2017年建成投入运行（图3-43）。

图3-43 已建成的新松换流站

新松站采用了大量的抗震和减隔震技术，保护站内的电力设备在地震下的安全。其中，T形旁路开关在底部采用了摇摆式隔震支座，由钢丝绳隔振器和黏滞阻尼器组成；斜向穿墙套管采用了多组呈V形布置的摩擦阻尼器，起到了三向减震的效果；换流阀采用了悬吊隔震，与其他设备的连接还采用了Z形柔性连接线（图3-44）。此外，站内还采用了伸缩式连接线、铝绞环、三柱式结构等技术，大量采用高强度的复合材料绝缘子，使得全站整体达到设防要求。

图3-44　建设中的新松换流站，部分采用了减隔震技术的主要设备

3.2.5 海洋港口设施隔震：隔震技术的新用途

1.用隔震保护皮薄馅大的罐子：希腊雷韦托萨岛液化天然气罐

天然气通常液化后储存在储气罐内，成为液化天然气（LNG）。储气罐的尺寸通常较大，直径数十米，但壁厚仅为10～30mm量级。巨大的质量和薄钢板壁使得储气罐在地震下容易发生侧壁的局部鼓出破坏，在1999年伊兹米特地震（7.4级）中，土耳其西北部的克尔费兹储油设施发生破坏和爆炸，造成1.7万人伤亡。

储气罐在地震下容易破坏源于其质量和惯性力较大，而隔震支座能很好地减小其惯性力。希腊雷韦托萨岛的LNG接收站建于1999年，直径65.7m，高22.5m，可容纳约3万t LNG（图3-45）。隔震设计中，采用了212个摩擦摆隔震支座，支座基本均布在储气罐底部，具有300mm的水平变形能力，隔震后储气罐的基本周期增至2.75s。

除了希腊的案例外，韩国仁川（橡胶支座）、土耳其阿利亚加（橡胶支座）、中国广东（高阻尼橡胶支座）（图3-46）、墨西哥西海岸的曼萨尼约（三重摩擦摆）和智利圣地亚哥附近的坤脱罗（三重摩擦摆）也采用了隔震技术。

图3-45　LNG接收站，带有多个大型储气罐

（摄影：Σ64，获得CC BY3.0授权）

图3-46　储液罐隔震支座布置方式（中国广东）

2.隔震支座在码头的妙用：智利科罗内尔隔震码头

智利的经济高度依赖港口码头等设施，其90%的进出口都依赖海运。但是2010年智利地震（8.8级）对其码头造成了严重破坏。地震对码头的破坏并非来源于海啸，而在于地基液化和地面运动造成的侧向和竖向变形。在此次地震中，高桩码头的主要破坏形式就是桩的变形，导致上部支撑的码头平台脱落、节点处破坏或工业设施破坏。

科罗内尔2号码头在高桩和码头平台之间设置了隔震支座（图3-47）。这个码头为长条形，共有3列高桩，其中中间列高桩设置了隔震支座，中间列每个柱脚由4个隔震支座支撑，柱脚尺寸为8m×8m。侧面两列为固定支座，中间列为V形高桩，设置隔震支座可以减小作用在V形高桩上的力。在此次地震中，这个隔震支座成功保护了码头平台。此外，2号码头的供水供电管道也采用了柔性连接设计。

图3-47　智利Coronel码头，中间带起重机的为采用了隔震支座的2号码头

（摄影：Ivotoledo45，获得CC BY-SA4.0授权）

与2号码头形成对比的是较早建设的1号码头，1号码头没有采用隔震设计，遭受了较为严重的破坏，地震中大约有1/4～1/3的高桩与平台脱离，无法继续使用。

3.极地环境下的隔震：俄罗斯库页岛2号天然气钻井平台

海洋平台有多种用途，包括风力发电、开采石油、导航等（图3-48）。库页岛临近日本北海道，俄罗斯在库页岛东面建设的石油开采平台面临地震的威胁。库页岛2号建设在近海区域，其受到海浪、海面浮冰、积雪、热胀冷缩等作用，工作环境较为恶劣。

海洋平台长约100m，宽70m，其质量集中在顶部的平台上，约2.7万t，因此库页岛2号在4根立柱上设置了摩擦摆支座。采用的摩擦摆支座具有较大的竖向承载力，仅有1个上滑动面。

3.2.6 精密工业设施隔震（振）：昂贵仪器设备正常运行的保护者

近年来，许多工业生产和服务设施造价昂贵、功能重要，一旦损坏会引起较为严重的后果，因此要用隔震支座保护这些工业设施在地震中不出现损坏。

图3-48　典型的海洋平台，与库页岛2号结构形式类似

1.当适合天文观测的地方容易发生地震怎么办：智利巨型麦哲伦望远镜

智利的阿塔卡马沙漠拥有全球绝佳的星空观测条件，不少国家将天文望远镜设在智利，但智利地震风险较大，曾多次发生大地震。巨型麦哲伦望远镜由美国主导，于2015年已完成7面主镜中的4面，预计2025年全部完工，届时将是世界上最大的光学望远镜（图3-49）。

图3-49　巨型麦哲伦望远镜建成效果图

（来源：GMTO公司，获得CC BY-SA3.0授权）

新型的麦哲伦望远镜太大太重，但内部光学测量设备对振动十分敏感，所以工程师们最终采用隔震技术来保护望远镜。麦哲伦望远镜重达6200t，望远镜的7个主镜面放置在与外壳隔离的基础上，隔震层设置在该基础上。隔震系统包含24个摩擦摆支座和自复位的液压系统，可以使望远镜在震后数小时至数周内恢复功能。

2. 怎样减轻精密生产设备环境微振动的影响：日本Yokogawa半导体工厂

半导体工厂内的生产设备价格昂贵，环境微振动会导致半导体产品的良品率下降，但普通的隔震支座较柔，不利于减小环境微振动，所以早期并未在大型半导体工厂中使用隔震支座。

2006年，日本Yokogawa公司建造的半导体工厂采用了多级隔震装置（图3-50）。厂房是5层钢筋混凝土和钢结构建筑，高24m，总面积约2.7万m^2。隔震层位于厂房底层，共采用168个直径0.6～1.1m的橡胶支座，110个特殊黏滞材料制成的阻尼器和18个液压油阻尼器。黏滞材料阻尼器具有较大的阻尼效果，因此隔震层对于环境微振动和各种程度的地震均有隔震效果。

图3-50　IBM主服务器也采用了隔震装置

（摄影：Neerol34，获得CC BY-SA4.0授权）